한 권으로 끝내는
초등 공부
대백과

한 권으로 끝내는
초등 공부 대백과

대한민국 최고의 초등 부모 멘토
송재환 선생님이 알려주는 초등학교 공부의 모든 것

송재환 지음

21세기북스

차례

초등 교사로 22년, 작가로서 11년의 세월을 보내는 동안 학교 현장에서 많은 아이들과 학부모를 만났다. 학교에서뿐만 아니라 도서관, 문화센터, 기업체, 방송 강연 등을 통해서도 아이들의 공부에 관심이 많은 분들을 만날 수 있었다. 하지만 무엇보다 가장 커다란 만남의 접점은 책을 통해서였다. 그간 초등 교육과 자녀 교육을 주제로 한 책을 20권 이상 출간했다. 그중 예닐곱 권 정도는 해외에서도 번역·출간되는 기쁨도 누렸다. 내가 현장에서 경험한 내용이 자녀 양육에 큰 도움이 되었다는 독자 분들의 반응에 깊이 감사할 따름이다.

첫 책을 출간할 당시만 해도 내 이름 석 자가 표지에 적힌 책이 출간된다는 사실만으로도 감격스러워서 글을 쓰는 작업이 힘든 줄을 몰랐다. 하지만 글쓰기를 계속해나갈수록 '작가는 배고픈 직업'이라는 말뜻을 온몸으로 실감했다. 본래 이 말은 전업 작가의 수입이 생계를 이어가기에 충분하지 않다는 의미로 쓰이지만, 나에게는 조금 다른 뜻으로 다가왔다. 말 그대로 글을 쓰다 보면 형용할 수 없는 배고픔이 밀려왔기 때문이다. 글쓰기가 워낙에 커다란 집중력을 필요로 하는 작업이기 때문이리라. 그래서였을까? 어떤 때에는 집필을 하다가 문득, 글은 배고픔의 땅에서 피어나는 꽃이라는 생각이 들기도 했다. 그렇게 주린 배를 쥐고 책을 쓰다 보면 '어휴, 내가 이 고된 일을 왜 지금껏 하고 있지?' 싶을 때가 있다. 몇 년 전에는 글쓰기를 이제 그만해야겠다는 다짐도 한 적이 있다. 글쓰기는 매력적인 일임과 동시에 그만큼 고되고 힘겨운 작업이었다.

하지만 출판사로부터 흥미로운 주제의 신간 집필 제안을 받을 때마다 번번이 유혹을 이기지 못하고 편집자의 제안을 수락하고 새로운 책 작업에 들어가곤 했다. 아마도 독자들로부터 받은 위로와 격려가 그간의 힘겨움을 잊게 만들어준 덕분이리라. 어마어마한 출산의 고통 때문에 다시는 아이를 낳지 않겠다고 다짐하지만, 사랑스러운 아이를 보면서 그 고통을 잊는 세상의 모든 엄마들처럼, 나 역시 독자들의 애정 어린 피드백과 관심 덕분에 그간에 겪은 집필의 고통을 잊고 다시 새로운 책을 집필할 기운을 얻는가 보다. 이번 책 역시 그와 같은 과정을 거쳐 태어났다.

더불어서 이 책은 묵직한 사명감을 더해 출간했다. 이 책은 자녀가 초등학교에 입학하게 되면 모든 부모들이 교과서처럼 읽을 수 있는 책이 한 권쯤 있었으면 좋겠다는 취지로 기획됐다. 독자들의 관심을 반짝 받고 사라지는 책이 아니라, 오랫동안 독자들의 사랑을 받을 수 있도록 알차고 내실 있게 구성된 책을 쓰고 싶었다. 정규 교육 과정의 시작인 초등 교육의 A부터 Z까지 아우르고 있어, 초등학생 자녀를 둔 대한민국의 모든 부모들이 믿고 볼 수 있는 책을 쓰고 싶었다. 그 마음을 담아 집필한 책이 바로 이 책이다.

그동안 필자는 책 읽기, 고전 읽기, 부모 교육, 학년별 공부법, 수학 공부법 등 초등 교육과 관련한 다양한 주제의 책들을 출간해왔다. 이 책에는 그간에 출간했던 책들 속에 담긴 내용 중에서 가장 중요하다고 여겨지는 핵심 정보들만 추려서 한데 담아내고자 했다. 핵심만 추린다고 해도 한 권에 모두 담아내기에는 그 양이 실로 방대했기에, 독자들의 편의를 위해서 '공부 편'과 '생활 편'으로 나눠 각각 22개의 법칙으로 정리해 일목요연하게 소개하고자 했다.

『한 권으로 끝내는 초등 공부 대백과』, 『한 권으로 끝내는 초등 생활 대백과』는 필자가 초등 교사이자 작가로서 지금까지 경험한 바를 총망라하고 집대성한 초등 자녀 교육서의 완결판이라고 자부한다. 이 책이 모쪼록 초등학생 자녀를 둔 부모들에게 등대와 같은 책이 되었으면 하는 바람이다. 갈피를 잡기 힘든 대한민국 교육 현실 속에서 부모들의 불안을 다독여주고, 단단하게 중심을 잡을 수 있게끔 붙들어주는 선물 같은 책이기를 바란다.

공부에 요령은 없지만, 법칙은 존재한다

초등 교사로서 아이들을 가르친 지도 벌써 20년이 훌쩍 넘었다. 나는 사립초등학교에 근무하는 까닭에 가르쳤던 아이들이 중·고등학교를 거쳐서 대학에 진학하는 모습을 옆에서 고스란히 볼 수 있었다. 오랜 세월에 걸쳐 많은 아이들의 성장 과정을 지켜보면서 한 가지 놀라운 사실을 발견했다. 바로, 초등학교 때 공부하는 모습을 통해 그 아이가 장래에 어떤 대학에 진학할지를 어느 정도 짐작할 수 있다는 사실이다. 성급히 일반화 할 수는 없지만 내가 관찰하고 경험한 바에 근거하면, 초등학교 때 부모의 강요가 아닌 스스로의 힘으로 공부를 잘하던 아이가 중·고등학교에서도 줄곧 좋은 학업 성취도를 보였고, 그 결과 명문대 진학으로 이어지는 케이스를 많이 접했다. 물론 초등학교를 다닐 때에는 공부에 두각을 나타내지 못하다가 중·고등학교 시절에 드라마틱한 성적 향상을 보이고 명문대에 진학한 학생도 있었다. 하지만 이는 꽤 예외적인 경우였고, 대부분은 초등학교 때의 성적이 중·고등학교 성적으로 이어지고 대학 진학에까지 영향을 끼치는 모습을 발견할 수 있었다.

왜 이런 현상이 일어나는 것일까? 공부는 제대로 된 공부 방법을 깨닫고, 그것을 끊임없이 반복해서 실천해나가는 과정이기 때문이다. 공부를 잘하는 아이들은 자신에게 잘 맞는 공부 방법을 일찍 깨우쳐서, 그 방법을 매일의 일상 속에서 반복하는 과정을 통해 좋은 결과를 만들어낸다. 하지만 공부를 못하는 아이들은 자신에게 잘 맞는 공부 방법을 모르거나, 방법을 안다고 해도 그것을 꾸준히 반복할 줄 아는 성실성이 부족하다.

초등학교 때 습관을 꼭 들여야만 하는 책 읽기를 예로 살펴보자. 책 읽기의 중요성은 말하자면 입이 아플 정도이다. 독서가 어휘력, 이해력, 배경지식, 상상력, 창의력, 문제해결력, 사고력 향상 등에 탁월한 효과가 있다는 것은 대부분의 사람들이 동의하는 사실이다. 책 읽는 습관을 들이지 않으면 공부를 잘할 수 없다. 공부를 잘하고자 한다면 우선 독서 습관이 몸에 배어 있어서 이를 바탕으로 문장을 해석할 수 있는 능력을 갖추고 있어야 한다. 하지만 어떤 부모는 독서의 중요성 자체를 간과한다. 또 어떤 부모는 책 읽기의 중요성을 알면서도 일상에 치여서 아이의 독서 습관을 잡아주지 못하기도 한다. 반면에 어떤 부모는 독서의 중요성을 잘 알고, 자녀가 매일 책 읽기를 할 수 있는 환경을 조성해준다. 이렇게 매일 책 읽는 습관이 깃든 아이는 공부를 잘할 수밖에 없다. 좋은 습관의 반복이 좋은 결과를 만들어내기 때문이다.

세계적인 스포츠 스타들 중에는 일정한 루틴을 반복해서 놀라운 결과들을 일군 사람들이 대부분이다. 한 예로 일본의 야구 선수 스즈키 이치로鈴木一朗를 들 수 있다. 이치로는 1993년부터 2019년까지 일본과 미국에서 27년간 현역 선수로 활동한 명실상부한 최고의 타자이다. 일본에서 맹활약하다가 2001년 메이저리그에 데뷔한 이치로는 10년 연속 3할 및 200안타 이상을 기록했다. 일본과 미국에서 그가 기록한 안타는 무려 4,367개로 '안타 제조기'라는 그의 별명이 허언이 아님을 잘 말해준다.

이치로가 이와 같은 발군의 실력을 발휘할 수 있었던 이유는 30년이 넘도록 자신만의 루틴을 지켜왔기 때문이다. 1년 365일 중 그가 훈련을 쉬는 날은 단 3일에 불과하다고 한다. 그뿐만 아니라 매일의 식단과 하루의 스케줄이 야구 선수 생활을 잘해나갈 수 있는 방향으로 맞춰져 있다고 한다. 이치로는 심지어 집에서 텔레비전을 볼 때에도 시력 보호를 위해 선글라스를 낄 만큼 자리 관리가 철저한 야구 선수였다. 아니, 야구 선수라기보다는 거의 수도승에 가깝다고 해야 할 정도이다.

어떤 야구 선수가 "나는 왜 이치로처럼 야구를 못하는 걸까?" 하고 푸념한다면 나는 그에게 이렇게 되묻고 싶다. "당신은 이치로처럼 살고 있습니까?" 공부도 마찬가지이다. 제대로 된 공부 방법을 알고 그 루틴을 지독하게 반복하다 보면 공부하는 습관이 몸에 스민다. 공부가 아이의 일상에 자연스러운 일과로 자리를 잡으면, 탁월한 성적은 저절로 따라오게 된다.

이 책은 아이에게 제대로 된 공부 습관을 잡아주고, 보다 효율적으로 공부할 수 있는 방법을 안내해주고자 썼다. 20년 넘게 초등학생들을 가르치면서 정말 중요하다고 생각한 공부 방법과 공부의 원칙을 '법칙'이라는 이름을 붙여 소개했다. '법칙'은 상황이나 조건에 관계없이 필연적인 결과들이 나오는 규칙을 일컫는다. 상황이나 조건에 따라 다른 결과가 나오는 것은 '변칙'이다.

더불어서 자녀 교육을 하면서 이 명제 하나는 꼭 명심하시기를 당부하고 싶다. 바로 '아이마다 다르다'라는 명제이다. 이 책에 소개된 수많은 법칙은 감히 '불변의 법칙'이라 말하고 싶다. 그럼에도 불구하고 각 법칙이 어떤 아이에게는 정말 기가 막히게 들어맞지만, 어떤 아이에게는 전혀 맞지 않을 수 있다. 아무리 산해진미가 차려진 밥상이라고 한들 내 입맛에 맞지 않으면 내 배를 포만감 있게 채워줄 수 없다. 아이의 타고난 기질과 부모의 교육 철학에 따라 어떤 법칙은 우리 아이에게 잘 맞지 않을 수도 있다. 그럼에도 불구하고 이 책에 소개된 많은 법칙들 중에서 내 아이에게 맞는 법칙 한두 가지는 분명히 발견할 수 있으리라고 힘주어 말씀드린다.

부모 세대들은 공부를 잘하게 만들어주는 어떤 특별한 노하우나 기술이 있다기보다는 무조건 엉덩이 붙이고 앉아서 열심히만 하면 된다고 믿었고, 실제로도 그렇게 공부했다. 하지만 이제는 시대가 바

꿰었다. 보다 탁월한 공부법을 제대로 가르쳐주는 부모를 둔 아이와 그렇지 않은 부모를 둔 아이의 미래는 다를 수밖에 없다. 저명한 미래학자 앨빈 토플러Alvin Toffler는 '미래의 문맹은 더 이상 글을 읽을 줄 모르는 사람을 의미하는 것이 아니라, 배우는 방법을 모르는 사람을 의미한다'라고 일갈한 바 있다. 자녀가 다가오는 미래에 문맹자와 같은 삶을 살아가길 원치 않는다면, 자녀의 초등학교 생활이 끝나기 전에 보다 나은 공부법을 가르쳐줘야 하지 않을까? 이 책이 좋은 공부법에 대한 갈증이 있는 학부모들에게 좋은 길라잡이가 되어줄 수 있기를 소망해본다.

초등 교사 작가 송재환

01

독서의 법칙
독서는 생각의 저수지에
물을 채우는 것이다

어렸을 적 내가 살던 고향 동네에 작은 저수지가 하나 있었다. 이 저수지는 작아서 조금만 가물어도 금방 바닥을 드러내곤 했다. 저수지라고 부르긴 했지만, 정작 필요할 때에는 물이 없어서 동네 농사에 별 도움이 되지 못했다. 반면에 옆 동네에는 매우 큰 저수지가 하나 있었다. 이 저수지는 워낙 크고 깊어서 어지간한 가뭄에도 바닥을 좀처럼 드러내지 않았다. 덕분에 옆 동네 사람들은 물 걱정 안 하고 농사를 지을 수 있다며 좋아했다. 실제로 그 저수지 덕분에 옆 동네는 가뭄이 든 해에도 우리 동네보다 언제나 수확량이 좋은 편이었다. 이처럼 농사를 지을 때 큰 저수지가 있으면 물 걱정을 하지 않고 매년 풍년을 기대할 수 있다.

공부 이야기를 하는 책의 서두에서 저수지와 농사 이야기를 꺼낸 까닭은, 우리의 머리(뇌)를 '생각의 저수지'에 비유하고 싶어서이다. 생각의 저수지에 물(정보)이 가득 담겨 있으면 유사시에 언제든지 그 물을 빼서 쓸 수 있다. 그 반대의 경우라면 물이 많이 필요한 상황에서도 가져다 쓸 물이 없어서 곤란에 처할지 모른다. 생각의 저수지에 물이 가득 차 있다고 해서 마냥 능사는 아니다. 1급수(양질의 정보)로 가득한지, 3급수(쓸모없는 정보)로 가득한지에 따라서 삶에 도움이 되기도, 그렇지 않기도 할 것이다.

독서는 생각의 저수지에 1급수를 가득 채워주는 가장 탁월한 방법이다.

공부는 독서
그 이상도 그 이하도 아니다

필자는 사립학교 교원이다 보니, 공립 초등학교 선생님들처럼 순환근무를 하지 않고, 지금까지 20년간 한 학교에 재직했다. 덕분에 아이들이 초등학교 졸업 후, 중·고등학교를 거쳐서 대학에 진학하는 모습까지 자연스럽게 보아왔다. 그런데 다년간의 경험에 따르면 우리가 소위 '명문대'라고 일컫는 대학에 진학하는 아이들은 대부분 초등학교 시절부터 독서를 열심히 했던 아이들이었다. 초등학교 시절, 공부는 곧잘 했지만 책 읽기에는 영 취미가 없었던 아이들의 훗날 대학 진학 결과를 살펴보면 독서를 열심히 했던 아이들의 결과에 못 미치는 경우를 많이 보았다. 공부머리나 요령은 있었을지 모르나, 밀도 있는 문장 해석력은 꾸준하게 길러지지 못한 탓이다.

단언컨대 공부는 독서 그 이상도 이하도 아니다. 독서 잘하는 아이가 공부도 잘한다. 당장은 공부 실력을 발휘하지 못하더라도 앞으로 분명히 공부를 잘하게 될 아이이다. 반면에 독서 안 하는 아이는 공부를 못하는 아이이거나, 지금 잘하더라도 앞으로 공부 실력이 떨어질 가능성이 크다. 이유가 무엇일까?

독서가 공부에 끼치는 영향력이 워낙 크고, 직접적으로 영향을 주기 때문이다. 독서를 하는 아이들은 기본적으로 어휘력이 좋다. 어휘력이 좋기 때문에 자연스럽게 문장 이해력도 높다. 어휘력과 문장 이해력은 공부를 잘하기 위해서 가장 기본적으로 갖추고 있어야 하는 매우 중요한 바탕 능력이다. 더불어서 독서를 많이 하면 상상력과 창의력이 증대된다. 문장으로 쓰인 내용 이상을 추론해내는 능력, 더 나아가서 나만의 이야기를 설계하고 표현할 줄 아는 능력이 곧 상상력이고 창의력이다. 이 두 가지 능력은 이미 우리 곁으로 성큼 다가온 4차 산업혁명 시대에 인간과 인공지능을 구별 짓는 중대한 차이점이다. 이는 곧 인공지능에 대체되지 않는 인간이 되기 위해서 꼭 필요한 능력이라는 말이기도 하다.

그뿐만 아니라 독서를 많이 하면 배경지식이 두텁게 쌓이고 문제

해결력이 좋아진다. 한 편의 동화라고 할지라도 아이가 깊이 몰입해서 읽은 동화 속의 시간적, 공간적 배경은 아이 인생의 중요한 배경지식으로 작용한다. 기승전결의 서사가 있는 이야기책을 읽으며 책 속에 등장한 갈등이 해결되어가는 과정을 간접 체험한 아이는 현실에서 부딪히는 문제들도 잘 헤쳐 나갈 수 있게 된다.

'Less is more(간결한 것이 더 아름답다)'라는 말을 들어봤는가? 우리는 때때로 '단순함'이라고 쓰고 '아름다움'이라고 읽곤 한다. 공부를 복잡하게 설명하자면 한도 끝도 없지만, 가장 단순하게 정리하자면 '공부=책 읽기'이다. 이 단순한 명제는 더 이상의 사족이 필요 없는, 공부에 대한 가장 아름다운 표현이다.

진짜 공부 실력은
독서로 키워진다

아이들 중에 책은 잘 안 읽지만 성적이 좋은 아이가 있고, 책은 많이 읽는데 성적이 좋지 않은 아이가 간혹 있다. 이런 현상은 다른 과목보다 국어에서 특히 두드러지게 나타난다. 그래서 어떤 부모들은 '독서를 잘해도 별수 없다'라고 생각하며 책 읽기를 등한시하기도 한다. 하지만 이런 선택은 '성적'과 '실력'을 제대로 분별하지 못해서 벌어지는 결과이다.

초등학교 국어 시험 문제는 대부분 교과서 지문을 활용하여 출제된다. 따라서 시험에서 좋은 점수를 받기 위해서는 교과서를 반복해서 읽어보고, 관련 문제를 많이 풀어보면 된다. 그러면 두말할 것도 없이 좋은 점수를 받을 수 있다. 그렇게 아이가 좋은 점수를 받아오면 많은 부모들이 우리 아이의 '실력'이 뛰어나다고 생각한다. 하지만 교과서만 달달 외우는 식으로 공부해서 좋은 점수를 받는 아이들은 정확히 말하자면 '실력'이 좋은 것이 아니라 '성적'이 좋은 것이다. 이런 아이들의 한계는 상급 학교로 진학하면 금방 드러나기 시작한다.

당장에는 실감하기 어려울 테지만, 자녀가 중·고등학교에 입학하면 이것이 무슨 말인지 이해하게 된다. 초등학교 국어, 수학, 사회, 과학 등 주요 과목 수업 때 사용하는 교과서는 모두 국정교과서이다. 전국의 모든 초등학생들은 위에서 열거한 과목들을 배울 때에 단일한 교과서로 공부한다. 하지만 중학교부터는 모든 교과서가 검인정교과서이다. 국어 교과서만 한정해서 헤아려도 그 수가 20종이 넘는다. 하나의 교과서를 달달 외우는 식으로 공부해서는 시험에서 좋은 성적을 거두기가 사실상 어렵다. 결국 초등학교 때 다양한 책을 많이 읽어 어휘력, 독해력, 이해력 등을 높이지 않으면 중·고등학교 공부를 수월하게 따라가기가 어려워진다.

독서는
전 과목 성적을 좌우한다

독서를 열심히 하면 다른 과목은 몰라도 국어만큼은 잘할 수 있으리라고 생각하기 쉽다. 하지만 그렇지 않다. 믿기지 않겠지만 독서를 열심히 하면 전 과목을 모두 잘할 수 있게 된다.

국어의 경우, 평소 독서량이 많은 아이라면 시험공부를 따로 할 필요가 없을 정도이다. 초등학교 국어 시험 문제의 유형을 살펴보면, 긴 지문이 주어지고 그 지문에 따른 문제가 3~4문제 출제되는 형식이 가장 흔하다. 대부분은 지문을 읽고 지문의 내용을 제대로 이해했는지를 묻는 문제들이다. 이런 문제 형식은 독서를 많이 한 아이들에게 절대적으로 유리하다. 왜냐하면 지문을 읽을 줄 알고, 그 내용을 이해했으며, 문제가 무엇을 물어보는지만 정확하게 알면 정답을 쉽게 찾아낼 수 있기 때문이다.

이런 식의 출제 경향은 초등학교에서 멈추지 않는다. 중·고등학교 시험 문제는 물론이고 수능에서도 똑같은 형식의 문제가 출제된다. 다만 한 가지 차이점이 있다면 지문의 출처가 교과서에만 한정되지 않고 교과서 밖에서도 즐비하게 출제된다는 점이다. 이와 같은 방식으로 문제가 출제되는 국어 시험에 대비하기 위한 최선의 전략은 '평소 꾸준한 책 읽기'뿐이다.

수학 과목도 책을 읽지 않으면 잘할 수 없다. 예전의 산수와 지금의 수학의 가장 큰 차이점을 말하라고 한다면 문제 유형의 변화라고 할 수 있다. 예를 들어 과거와 요즘의 초등학교 2학년 수학 문제를 비교해보자.

과거 산수 문제 유형

- 37 + 45 = □
- → 과거 산수 문제는 단순히 연산을 묻는 유형이 많았다. 이런 문제들은 연산 실력만 있으면 풀이가 가능했다. 문제 이해력은 필요 없었다.

현재 수학 문제 유형

- 운동장에 37명의 아이들이 놀고 있었습니다. 45명의 아이들이 더 놀러 왔습니다. 운동장에는 모두 몇 명의 아이들이 놀고 있습니까? 풀이 과정과 답을 쓰시오.
- → 이 문제를 수식으로 바꾸면 결국 '37 + 45 = □'이 된다. 하지만 문장을 이와 같은 수식으로 세우기 위해서는 문장 이해력과 사고력 등이 필요하다. 서술형 수학 문제는 단순한 연산 문제보다 더 높은 사고력과 창의력, 문제해결력을 요구한다. 그뿐만 아니라 풀이 과정을 쓰기 위해서는 논리력과 표현력도 갖춰야 하는데, 독서는 논리력과 표현력도 향상시켜준다.

어른의 관점에서 볼 때에는 두 문제 모두 쉬울지 모르지만, 초등학교 저학년 아이들에게 앞의 두 문제를 풀게 해보면 결과가 사뭇 다르게 나타난다. 과거 산수 문제처럼 단순 연산 문제를 내면 반에서 한두 명을 제외하고 거의 모두 정답을 맞힌다. 하지만 서술형 형태로 수학 문제를 내면 정답률이 급격히 낮아진다. 문장 이해력의 여부 때문이다. 문장 이해력은 절대 수학 학원을 다닌다고 향상되지 않는다. 문장 이해력은 반드시 독서를 통해서만 증진시킬 수 있는 능력이다.

최근에는 '스토리텔링 수학'을 강조하는 추세이다. 스토리텔링 수학이란 동화나 역사적 사실, 생활 속 상황 등 친숙한 소재를 활용해서 수학적 개념과 의미 등을 가르치는 수학 교육의 한 방법이다. 수학 교육에 스토리텔링 기법을 도입한 이유는 명확하다. 아이들이 수학을 좀 더 재미있고 쉬운 과목으로 여길 수 있도록 하기 위함이다. 단순히 수학적 개념을 익히고 그와 관련된 연산 문제를 푸는 식의 획일화된 수업 방식에서 벗어나서, 일상생활이나 동화 속 이야기 등 아이들에게 익숙한 상황을 끌어들여 수학에 대한 흥미를 유발시키기 위해서이다. 하지만 애초의 목적과는 달리, 스토리텔링 수학이 도입되면서 책을 잘 읽는 아이와 책을 안 읽는 아이 사이의 수학 실력 격차만 더욱 벌어지게 됐다. 수학 책이 국어 책처럼 바뀌면서 독서를 통해 탄탄한 배경지식을 쌓지 못했거나, 문장 이해력이 없는 아이는 수학책을 읽는 일조차 벅찬 상황이 되어버린 셈이다.

사회나 과학 과목의 성적을 가르는 분수령은 아이가 습득한 배경

스토리텔링 수학의 모습을 잘 보여주는 초등학교 학년별 수학 교과서

지식이 얼마나 두터운지 여부이다. 학습할 주제와 관련한 사전 배경 지식이 있는 아이와 그렇지 않은 아이는 학습의 과정과 결과에서 현격한 차이를 보인다. 초등학교 고학년 아이들에게 가장 어려워하는 과목이 뭐냐고 물으면 대다수의 아이들이 사회를 꼽는다. 왜 그럴까? 사회는 배경지식이 없으면 교과서에 있는 내용을 따라가기가 쉽지 않기 때문이다. 특히 역사를 배우기 시작하는 5학년부터 배경지식이 있는 아이와 그렇지 않은 아이 사이의 사회 과목 성취도가 하늘과 땅만큼의 차이가 난다. 수업을 하다 보면 때때로 필자보다 더 박식한 역사 지식을 가진 아이들도 만나곤 하는데, 이런 아이들의 독서 이력을 살펴보면 여지없이 평소에 역사 관련 책들을 많이 읽은 아이들이었다.

아이의 꾸준한 독서 습관을 위해 지켜야 할 원칙들

무슨 일이든 바른 원칙을 알고 지키는 것이 무엇보다 중요하다. 독서를 할 때 꼭 지켜야 하는 원칙이 있다. 특히 아이가 꾸준한 독서 습관을 들이길 바라는 부모라면 다음의 원칙들을 꼭 염두에 두고 실천하길 바란다.

독서를 우선순위에 둔다

스티븐 코비Stephen Covey 박사는 세계적인 자기 계발 베스트셀러인

『성공하는 사람들의 7가지 습관』에서 성공하는 사람들과 실패하는 사람들의 차이에 대해 이야기한 바 있다. 바로 시간의 우선 사용 순위가 다르다는 것이다. 그에 따르면 실패하는 사람들은 급한 일부터 하지만 성공하는 사람들은 중요한 일부터 한다. 독서는 급하지는 않지만 중요한 일이다. 독서를 우선순위에 두고 매일 꾸준히 실천하는 아이와 그렇지 않고 차일피일 미루는 아이의 인생은 완전히 다르게 펼쳐질 터이다. 아이의 하루 스케줄 중에서 독서가 우선순위를 차지하는지 점검하고, 만일 우선순위에서 밀려났다면 다시 제1순위로 올리도록 하자.

텔레비전을 치우고 부모가 먼저 독서한다

텔레비전은 독서와 상극이다. 텔레비전은 영상 자극물인데 반해 책은 문자 자극물이다. 영상 자극은 자극의 강도가 문자 자극보다 훨씬 세다. 그렇기 때문에 영상 자극에 자주 노출되는 아이는 자연스럽게 문자 자극인 책 읽기를 싫어하게 된다. 오늘부터 당장 거실에서 텔레비전을 치우고 부모가 먼저 독서하는 모습을 보이도록 하자. 아이들도 부모를 따라서 자연스레 책을 읽는 습관을 들일 것이다. '아이는 부모의 뒷모습을 보며 큰다'라는 말을 기억하자. 부모는 책을 읽지 않으면서 아이에게만 책 읽기를 강요하는 것은 어불성설이다. 독서를 하라는 부모의 말이 약발을 발휘하는 시기는 초등학교 저학년 때까지이다. 부모가 책을 읽지 않는 가정의 아이들은 초등학교 3, 4학년만 되면 독서를 멈춘다. 이때부터는 부모의 잔소리도 소용없다. 상급 학년이 되어서도 꾸준히 책 읽기를 즐기는 아이들은 대부분 그 부모들도 책을 가까이하는 경향이 컸다.

집 안에 되도록 책을 많이 소장한다

2018년 10월, 호주 국립대와 미국 네바다대 리노 캠퍼스 연구팀은 다음과 같은 내용을 발표했다.

성장하는 동안 책을 많이 읽은 아이들은 공부를 잘했다. 하지만 자라면서 책을 읽었건 안 읽었건 간에, 단지 집에 책이 많기만 해도 학업 성과가 좋았다.

이 연구 결과가 말하고자 하는 바는 분명하다. 집 안에 책이 많이 있는 것만으로도 아이가 공부를 잘할 수 있는 가능성이 커진다는 사실이다. 당장에 다 읽지는 못하더라도, 집 안 곳곳에 둔 많은 책들이 아이에게 얼마나 긍정적인 영향력을 미치는지 알 수 있는 연구 결과이다. 지금 우리 집에는 책이 몇 권이나 있는지부터 점검해볼 일이다. 우리는 계절이 바뀔 때마다 옷장을 열면서 입을 옷이 없다고 푸념하며 새 옷을 사러 가곤 한다. 이런 심정으로 거실 책장을 바라보며 아이가 읽을 만한 책이 있는지 살펴보면 어떨까? 그것이 바로 좋은 부모의 출발점이 아닐까?

가급적 종이책으로 읽힌다

미국 매사추세츠대 영문학과 교수인 로버트 왁슬러^{Robert Waxler}는 자신의 저서 『위험한 책읽기』에서 '깊고 꼼꼼한 읽기'의 방법으로 논픽션보다는 소설 읽기를 강조했다. 더불어서 그는 독서를 할 때 꼭 종이책으로 읽을 것을 힘주어 말했다. 저자는 깊이 읽고 사고하는 뇌인 우리의 '읽는 뇌'가 스펙터클과 표면적 감각에 의해 점차 우둔해져 '디지털 뇌'로 퇴보할 가능성을 조심스럽게 경고한다. 더불어서 '읽는 뇌'를 보존하고 발전시키기 위해서는 종이책으로 문장을 꼼꼼하고 깊게 읽을 것을 당부했다. 디지털 감성이 아날로그 감성을 대치하기 힘든 부분은 분명히 존재한다. 책 읽기도 마찬가지이다. 전자책이 보관과 휴대의 편의성 면에서는 우월할지 모르나, 종이책만큼 깊이 읽기에 최적화된 매체는 없으리라고 생각한다.

만화책은 가급적 삼간다

'좋은 책 읽기는 글자를 읽지만, 나쁜 책 읽기는 그림을 읽는다'라는 말이 있다. 만화책은 그림을 읽는 가장 대표적인 경우이다. 만화책 읽기는 책을 읽는 행위라기보다는 책의 형식을 빌린 텔레비전을 보는 것에 더욱 가깝다. 즉, 문자를 읽어나간다기보다 이미지 형태로 정보를 받아들이게 된다. 이미지로 읽기에 익숙해지고 이를 반복하다 보면, 우리 뇌의 언어중추가 발달하지 못한다. 문자는 일종의 추상적인 언어 부호이다. 문자를 통해 정보를 받아들이는 훈련이 되어야만 언어중추의 발달이 촉진된다. 발달된 언어중추를 가진 아이는 공부를 할 때 절대적으로 유리한 고지를 점하게 된다.

'많이'보다는 '제대로' 읽힌다

요즘 많은 아이들이 책 읽기를 경쟁하듯이 한다. 이처럼 아이들이 다독 경쟁에 빠진 것은 독서를 너무 좋아해서라기보다는 학교나 부모들이 조장한 측면이 크다. 대부분의 학교에서는 책을 많이 읽은 아이들에게 다독상을 준다. 다독상을 받고 싶은 욕심에 아이들은 책을 진공청소기처럼 흡입하듯 읽어댄다. 또한 부모의 욕심으로 아이에게 다독을 강요하는 경우도 흔하다. 하지만 닥치는 대로 책을 읽는 다독이 꼭 좋은 것만은 아니다. 독서의 절대량도 간과할 수 없는 부분이기는 하지만, 무작정 양을 채우기 이전에 독서의 질부터 따져봐야 한다. 독서량을 중시하는 환경에 둘러싸여 있다 보면, 아이는 독서량을 과시하기 위해서 자칫 책의 내용을 이해하지 못했음에도 불구하고 대충 읽어버린 후 책장을 덮어버리는 습관을 가질 수 있다. 많이 읽기보다 제대로 읽기가 더 중요하다.

가족 독서 시간을 만든다

일주일에 한 번 정도는 일정한 시간, 일정한 장소에 모여서 온 가족이 함께 독서를 해보자. 큰 욕심 부리지 말고 한 번에 30분 정도만 해도 충분하다. 독서를 마친 후 간단하게 각자가 읽은 책에 대해 소개하

거나 자신의 느낌을 이야기하며 독후 활동을 한다면 더할 나위가 없
겠다. 가족 독서 시간을 통해 부모는 자녀에게 부모가 소중히 여기는
가치관을 전수할 수 있을 뿐만 아니라, 가족들 간의 소통에도 큰 도
움을 얻을 수 있다. 무엇이든 혼자 하면 나태해지기 마련이다. 하지만
같이하면 나태해지려는 마음도 추스를 수 있고, 강한 실천력이 발휘
될 수 있다.

소리를 내어 읽어준다

초등학생들은 저학년, 고학년을 가리지 않고 누군가가 책을 읽어
주면 참 좋아한다. 책 읽는 것을 싫어하는 아이들조차도 책을 읽어준
다고 하면 무척 좋아한다. 책 읽어주기는 책 읽기를 싫어하는 아이들
이나 독서력이 낮아 책 읽기를 고통스럽게 생각하는 아이들이 책 읽
기에 흥미를 가질 수 있도록 유도하는 최고의 방법이다. 책을 읽어주
면 독해력이 떨어지는 아이의 경우, 스스로 읽을 때보다 독서 능력
이 50% 이상 향상된다는 연구 결과도 있다. 시간이 날 때마다 아이에
게 책을 읽어주면 아이의 소리 내어 읽는 기술도 훨씬 좋아진다. 아이
가 부모의 책 읽어주는 모습을 흉내 내려고 하기 때문이다. 그뿐만 아
니라 자녀에게 책을 읽어주면 잘 들을 수 있는 귀도 만들어줄 수 있
다. 공부를 할 때 잘 듣는 것만큼 중요한 것이 없다. 대부분의 수업이
교사가 설명하면 학생은 듣는 식으로 진행되는 우리나라에서는 더욱
그렇다. 듣기 능력이 없는 아이는 공부를 잘하려야 잘할 수가 없다.

소리 내어 책 읽어주기는 아이의 읽기 능력과 듣기 능력을 모두 길러 주는 일석이조의 독서 방법이다.

02

어휘력의 법칙

어휘력이
공부력이다

2학년 아이들과 국어 시간에 '흉내 내는 말'을 넣어 비 내리는 모습을 짧은 글로 써보는 수업을 했다. 대부분의 아이들은 비가 오는 모습을 이렇게 표현했다.

"비가 보슬보슬 내립니다."

"비가 주룩주룩 내립니다."

그런데 한 남자아이가 손을 들더니 다음과 같이 말했다.

"비가 추적추적 내립니다."

이 말을 들은 짝꿍 여자아이가 어이없다는 표정으로 한마디 쏘아붙였다.

"야, 세상에 추적추적이라는 말이 어디 있냐? 머리털 나고 처음 들어본다."

이 말을 들은 다른 아이들도 자기도 처음 듣는 단어라면서 여자아이를 거들었다. 교실은 순식간에 난장판이 됐다.

아이들을 진정시킨 후, '추적추적'이란 단어를 아는 사람이 있으면 손을 들어보라고 했더니 손을 드는 아이가 한 명도 없었다. 이번에는 발표한 아이에게 '추적추적'을 다른 친구들이 알아듣기 쉬운 표현으로 바꿔서 말해보라고 했다. 아이는 순간 곤혹스러운 표정을 짓더니 한참 만에 이렇게 말했다.

"비가 불쌍하게 내린다."

짝꿍 아이가 다시 한번 딴죽을 건다.

"비가 어떻게 불쌍하게 내려? 말도 안 된다."

저학년을 가르치다 보면 이런 일이 매 수업마다 일어난다. 심지어 시험을 보다가도 모르는 단어가 나오면 서슴없이 묻곤 한다. 1학년 아이들이 시험 시간에 하도 질문을 많이 해서 언젠가는 칠판에 '질문 금지'라고 써놨더니 한 아이가 손을 들고 질문한다.

"선생님, 그런데요 금지가 무슨 말이에요?"

어휘력이
공부력이다

저학년 아이들을 가르칠 때, 수업 시간에 교사가 가장 많이 듣는 말 중 하나가 "선생님, 그게 무슨 말이에요?"이다. 저학년 아이들은 자기가 모르는 단어를 선생님이 사용하면 때와 장소를 가리지 않고 질문을 던진다. 이런 질문이 학습에 도움이 되기도 하지만, 대개의 경우 수업의 흐름을 끊게 만든다. 그러나 고학년이 되면 아이들은 수업 시간에 더 이상 단어의 뜻을 묻지 않는다. 다 알아들었기 때문이라기보다는 눈치가 생겨서 질문하지 않는 것뿐이다.

어휘력은 공부를 할 때 가장 핵심적인 능력이다. 어휘력이 낮은 아이는 절대 공부를 잘할 수 없다. 아이들이 공부하는 과정은 실상 새로운 어휘를 습득하는 과정이자 어휘력을 높여나가는 과정이다. 그런 맥락에서 '어휘력이 곧 공부력이다'라는 말이 생겨난 것이다.

국회에서는 나라의 살림에 필요한 예산을 심의하여 확정하는 일도 한다. 정부에서 계획한 예산안을 살펴보고, 이미 사용한 예산이 잘 쓰였는지를 검토한다. 예산의 대부분은 국민이 낸 세금으로 마련하기 때문에 국민의 대표인 국회의원이 이를 확정하는 것이다. 또 국회에서는 정부가 법에 따라 일을 잘하고 있는지 확인하려고 국정감사를 한다. 공무원에게 나랏일 가운데 궁금한 점을 질문하고, 잘못한 일이 있으면 바로

잡도록 요구한다.

– 6학년 1학기 사회 127쪽

여러 날 동안 달을 관찰하면 달의 모양은 약 30일을 주기로 초승달, 상현달, 보름달, 하현달, 그믐달의 순서로 변한다는 것을 알 수 있습니다.

음력 2~3일 무렵에는 초승달, 음력 7~8일 무렵에는 상현달, 음력 15일 무렵에는 보름달, 음력 22~23일 무렵에는 하현달, 음력 27~28일 무렵에는 그믐달을 볼 수 있습니다.

– 6학년 1학기 과학 37쪽

위의 내용은 6학년 사회 교과서와 과학 교과서의 일부이다. 글에서 사용된 어휘들을 살펴보면, 일상에서는 잘 쓰지 않는 어휘들이 다수 등장한다. 어휘력이 낮은 아이들은 이런 지문을 읽어도 무슨 말인지 당최 이해가 되지 않는다. 이해가 안 되니 교과서를 쳐다보기가 싫어진다. 한 조사에 따르면 우리나라 학생들의 95%가 교과서에 나오는 어휘를 어려워한다고 한다. 우리나라 초등학생의 약 70.4%는 학습 어휘에 대한 이해가 부족하다는 보고도 있다.

어휘력이 낮은 아이들은 교과서를 제대로 이해하지 못할 뿐만 아니라, 시험에서 좋은 성적을 얻을 수 없다. 시험 문제는 대부분 교과서에서 출제되기 때문이다. 실제로 아이들에게 시험 문제를 틀린 이유를 물어보면 '문제에 등장한 어휘를 잘 몰라서'라고 대답하는 아이들이 가장 많다. 고학년 아이들이 시험을 마치고 교사에게 우르르 몰려와 시험 문제에 관해 질문할 때에도 상당수는 시험지에 등장한 단어의 뜻을 묻곤 한다. 단어 뜻 하나를 몰라서 시험 문제를 틀리는 것만큼 아쉽고 속상한 일이 있을까? 어휘력이 성적을 결정하는 현상은 과목 불문, 학년 불문의 공통적인 현상이다.

어휘력이
수업 태도를 결정한다

초등학교 교사로서 20년 이상 아이들을 가르치는 동안, 항상 실감했던 공부의 진리가 한 가지 있다. 바로, 공부를 잘하는 아이들은 하나같이 수업 시간에 집중을 잘하고, 그렇지 않은 아이들은 산만하다는 사실이다. 이 사실은 지금껏 예외가 없었다.

수업 시간에 아이들이 산만해지는 이유는 셀 수 없이 다양하다. 수업이 지루해서일 수도 있고, 수업보다 더 관심을 사로잡는 일이 있어서이기도 하다. 너무 피곤하다든지, 몸이 아파서 수업에 집중할 수 없을 때도 있다. 개인적인 근심이나 걱정 때문에 수업에 주의를 기울이지 못할 수도 있다. 어린아이들이 신체적, 정신적, 상황적 이유로 가끔씩 산만함을 보이는 것은 너무도 당연하다.

하지만 고질적으로 수업 태도가 산만한 아이들이 있다. 우리가 흔히 'ADHD Attention Deficit Hyperactivity Disorder'라고 부르는 주의력결핍 과잉 행동장애를 겪는 아이들이다. ADHD는 일종의 '집중하지 못하는 병증'으로 주의력과 집중력이 매우 약하며, 한시도 가만히 있지 못하고, 충동적인 행동을 보이는 정신질환 가운데 하나이다. 주로 7세 이전에 발병하고 가정보다는 학교나 유치원처럼 단체 생활을 하는 곳에서 증상이 잘 드러난다. ADHD의 가장 큰 증상은 10분 이상 집중하지 못하는 것이다. 작은 소리나 사소한 일에도 일일이 반응을 보여 굉장히 부산스러워 보이며, 집중력이 매우 낮아 정상적인 학습이 어렵다. ADHD는 충동성이 매우 도드라지는데, 자신의 행동이 어떤 결과를 불러올지 생각하지 않기 때문에 친구 관계에서 문제가 많이 발생한다. 통계에 따르면 우리나라 초등학생의 약 5~10% 정도가 ADHD로 의심된다. 한 반에서 두세 명 정도는 ADHD를 의심해볼 만하다는 의미이다. ADHD는 조기에 발견하고 적극적으로 치료하면 증상이 호전되거나 완치가 가능하다고 알려졌다.

주의력 부족, 충동적 행동 외에 ADHD의 또 다른 증상 중 하나가 어휘력 결핍이다. 어휘력이 낮은 아이들은 교사가 하는 말을 잘 알아듣지 못한다. 교사의 말을 못 알아들으니 수업 내용이 이해가 안 가고 재미도 없다. 그러다 보니 쓸데없는 행동을 하게 된다. 게다가 혼자서 그러는 것이 아니라 주변 친구들까지 끌어들이니 수업에 엄청난 방해가 된다. 이 모습을 본 교사는 수업 분위기를 위해 아이의 행동을 지적하게 되고, 이런 일이 거듭되면 아이는 문제아로 낙인찍히게 된다. 어휘력의 부족에서 시작되는 악순환이다. 그래서 필자는 어휘력 결핍으로 인해 여러 가지 학습적인 문제를 야기하는 증상을 VDHD^{Vocabulary Deficit Hyperactivity Disorder} 즉, '어휘력결핍 과잉행동장애'라고 부르고 싶다.

만일 아이가 수업 시간에 산만하다는 지적을 많이 받는다면, 단순히 집중력 부족이 원인이 아닐 수도 있다. 어휘력 결핍으로 인해 수업에 흥미를 잃어버린 것일지도 모른다. 따라서 무조건 아이에게 선생님 말씀에 귀를 기울이라고 혼낼 일이 아니라 아이의 수업 이해도를 높이기 위해 어휘력을 향상시켜줄 수 있는 방법을 찾아야 한다.

초등 시절을 놓치면
평생 어휘력 빈곤자가 된다

인간의 어휘력은 특정한 시기에 집중적으로 발달한다. 해당 시기가 지나고 나면 아주 특별한 노력을 하지 않는 이상, 어휘력이 향상되기 어렵다. 마치 아이들이 사춘기 무렵에 폭발적으로 성장하다가 그 이후에는 성장을 멈추는 것과 유사하다. 어휘력이 폭풍 성장하는 시기는 초등학교 때이다. 언어학자들의 연구에 따르면 인간이 전 생애에 걸쳐 습득하는 어휘의 80% 이상이 사춘기 이전에 습득된다고 한다.

일본의 교육심리학자인 사카모토 이치로^{阪本一郎}의 연구에 따르면,

초등학교에 입학할 무렵 아이가 구사할 수 있는 어휘는 약 6,000단어에 불과하지만, 초등학교를 졸업할 즈음에 이르러서는 약 3만 단어 이상의 어휘를 알게 된다고 한다. 가히 폭발적인 증가 속도이다. 초등학교 시절은 어휘력의 결정적 시기인 셈이다. 이때를 놓치면 평생 어휘력 빈곤자로 전락한다. 캐나다의 언어학자 펜필드^{Penfield}도 사카모토 이치로와 동일한 주장을 한다. 펜필드는 '결정적 시기 이론^{Critical Period Theory}'을 주장하며 다음과 같이 말했다.

"아동기는 생애 중에서 어휘 습득이 가장 왕성한 시기이다. 이때 습득된 어휘는 성인이 되어서 원활한 독서와 청취를 하는 데 쓰이는 것은 물론이고, 생각과 의사를 글로 쓰고 말로 표현하는 데에도 사용된다. 언어 습득은 아동기 이후에 생물학적 제약을 받아 둔화된다. 아동기 독서는 어휘량이 풍부하고 좋은 어휘를 사용하는 어린이를 만드는 데 결정적 역할을 한다."

어휘력을 높이는 방법

공부에 절대적인 영향을 끼치는 어휘력을 높이는 방법에는 무엇이 있을까? 국어사전을 처음부터 끝까지 읽으면 어휘력을 높일 수 있을까? 어휘력을 높일 수 있는 현실적인 방법을 몇 가지 소개한다.

책을 읽을 때 모르는 어휘에 동그라미 치기

독서만큼 어휘력을 높이는 데 도움이 되는 활동은 없다. 독서를 통해 아이는 저자가 책 속에서 구사한 새로운 어휘들을 만나게 된다. 이때 모르는 낱말을 그냥 지나치지 않고, 동그라미를 치게 하면 좋다. 우선 동그라미 치기를 하면 정독의 효과가 급상승한다. 그뿐만 아니라 아이가 읽고 있는 책이 아이의 어휘력 수준에 걸맞은지 가늠할 수 있다. 동그라미를 친 부분이 상당히 많다면 아이가 읽기에 다소 어려운 수준의 책이라고 봐도 무방하다. 언어학자들의 연구에 따르면 한 쪽 당 모르는 낱말이 5개 이상 나오는 책은 아이가 읽기에 버거운 책이므로 책의 레벨을 한 단계 낮춰주는 것이 좋다고 한다. 아이가 책을 읽으며 동그라미를 친 단어는 부모가 그 뜻을 가르쳐주고, 아이가 자기만의 단어장에 해당 단어를 써놓고 반복해서 읽을 수 있도록 지도한다.

단어장 만들기

아이에게 자신만의 단어장 공책을 만들게 해서 책을 읽거나 공부를 하다가 새로운 단어를 알게 되면 적어놓게끔 한다. 단어장을 틈이 날 때마다 반복해서 읽다 보면 새로운 단어의 뜻을 이해하게 되고, 대화를 하거나 글을 쓸 때 그 단어를 사용할 수 있게 된다. 일상생활을 할 때와는 달리 책을 읽거나 공부를 하다 보면 곳곳에서 모르는 단어를 자주 마주치게 된다. 이때 모르는 단어를 그냥 지나쳐버리지 않고 단어장에 틈틈이 기록하고 반복해서 읽으면 금세 자신만의 단어로 만들 수 있게 된다.

단어장 예시

- 꽃잠: 깊이 든 잠
- 나비잠: 갓난아이가 두 팔을 머리 위로 벌리고 자는 잠
- 이등변삼각형: 두 변의 길이가 같은 삼각형
- 염전: 바닷물을 가두어놓고 햇볕에 증발시켜 소금을 만들어내는 곳
- 용매: 용액을 만들 때 용질을 녹이는 액체

  (예) 설탕물에서 물이 용매이다.

일상의 대화 습관 고치기

일상의 대화 습관 몇 가지만 고쳐도 어휘력 향상에 큰 도움이 된다. 우선 '헐', '대박', '졸라' 등과 같은 감탄사나 비속어 등을 쓰지 않기 위해 노력해야 한다. 이런 단어들은 아이들 사이에서 부사나 형용사를 대체하는 단어로 사용되는데, 자주 사용하다 보면 다양한 어휘를 쓸 줄 아는 감각이 떨어지게 된다.

평소 이야기를 할 때, 이유나 까닭을 조목조목 말하는 습관도 어휘

력 향상에 좋다. 초등학교 고학년인데도 상황에 대한 설명이나 자신의 기분을 제대로 표현하지 못하는 아이들이 많다. 이유를 재차 물어보면 "몰라요", "그냥요", "글쎄요"라며 대강 얼버무리고 만다. 혹은 한두 단어로 답을 대신하기도 한다. 이런 식의 화법은 말의 구체성이 떨어지기 때문에 원활한 의사소통에도 도움이 되지 않을뿐더러 풍성한 표현력도 키워주지 못한다.

부모의 언어 습관도 중요하다. 칭찬 한마디를 하더라도 그저 "잘했네" 하며 결과론적 어법으로 말할 것이 아니라 "○○가 계획을 세워서 열심히 공부하더니 좋은 성적을 거두었구나. 엄마는 ○○가 최선을 다할 줄 아는 아이라서 자랑스러워" 하는 식으로 가급적 구체적으로 말하는 것이 좋다.

국어사전 이용하기

아이가 책을 읽거나 공부를 하다가 모르는 단어를 물어봤을 때, 매번 부모가 그 뜻을 알려주기란 쉽지 않다. 따라서 아이 혼자서도 모르는 낱말의 뜻을 찾을 수 있는 방법을 알려줄 필요가 있다. 국어사전을 활용하면 아이 스스로 모르는 낱말의 뜻을 얼마든지 찾을 수 있다. 현행 교육 과정에서 국어사전 이용하기는 3학년 교육 과정에 등장한다. 따라서 3학년 이후에는 모르는 단어가 나오면 국어사전을 적극적으로 활용할 수 있어야 한다.

사전을 찾아 어휘의 뜻을 파악하면 어휘의 정확한 뜻을 접할 수 있을 뿐만 아니라 해당 어휘의 반대말이나 유사어 등을 접할 수 있기 때문에 어휘력 향상에 한층 더 도움이 된다. 아이 스스로 사전을 뒤적이다 보면 세상에 정말 많은 낱말들이 존재한다는 사실을 새삼 느끼게 되어 어휘에 더 큰 관심을 가질 수 있다.

놀이를 통한 어휘력 향상

가로세로 낱말 퍼즐은 낱말을 설명하는 문장을 읽고 가로줄과 세로줄에 해당하는 낱말을 적어서 퍼즐을 완성하는 놀이이다. 가로세로 낱말 퍼즐은 학년을 불문하고 아이들이 굉장히 흥미를 가지고 몰입하는 말놀이이다. 시중에는 낱말 퍼즐만 모아놓은 책들도 많이 나와 있다. 이밖에도 스무고개 놀이, 초성 게임, 끝말잇기, 수수께끼 놀이 등 아이들의 어휘력을 향상시켜줄 수 있는 유익하고도 재미있는 놀이들이 많다.

03

공부 정체감의 법칙
공부 정체감은
공부의 유리 천장이다

자존감Self-esteem은 자신을 존중하고 사랑하는 마음을 일컫는 용어로, 미국의 심리학자 윌리엄 제임스William James가 처음 사용했다. 자존감은 자신을 어떻게 생각하는지에 관한 자신의 전반적인 느낌과 생각을 지칭한다. 자존감이 높아 인생을 행복하고 성공적으로 살아가는 사람이 있는가 하면, 반대로 자존감이 낮아 인생을 불행하고 힘겹게 살아가는 사람도 있다. 자존감이 높은 사람은 감사할 줄 알고 남을 존중하지만, 자존감이 낮은 사람은 항상 불평하고 남을 깎아내리기 바쁘다.

공부를 할 때에도 우리 삶에 자존감이 미치는 영향과 유사한 역할을 하는 감정이 있다. 바로 '공부 정체감'이다. 공부 정체감이란 자기 스스로 '나는 공부를 잘해', 혹은 '나는 공부를 못해'라고 여기는 감정이다. 공부는 단순히 지능지수가 높다고 잘할 수 있는 일이 아니다. 심리적인 영향도 크게 받는다. 공부를 잘하기 위해서는 자신의 실력을 스스로 평가하는 감정인 공부 정체감을 향상시켜야 한다.

유리 천장처럼 작용하는 공부 정체감

유리 천장Glass ceiling은 '눈에 보이지는 않지만 결코 깨뜨릴 수 없는 장벽'이라는 의미로 사용되는 경제 용어이다. 특히 여성이나 소수자가 충분한 능력과 자질을 갖추었음에도 불구하고 조직의 편견이나 불합리함으로 인해 고위직 승진이 차단된 상황을 표현하는 데 쓰이곤 한다. 공부에서 유리 천장처럼 작용하는 것이 바로 공부 정체감이다. 공부를 충분히 더 잘할 수 있는 능력이 있음에도 불구하고, 잘못된 공부 정체감이 유리 천장처럼 보이지 않는 장애물로 작용하여 아이로 하여금 공부를 더 잘하지 못하도록 막는 것이다.

공부 정체감은 어렸을 때에는 없다가 초등학교에 입학하고 나서부터 점차 생기기 시작한다. 1학년 아이들은 받아쓰기 시험 결과에 무감각하다. 50점을 받아도 부끄러운 줄 모르고 친구들에게 점수를 자랑하고 다닌다. 하지만 시험이 반복되면서 아이들은 점점 결과에 연연하기 시작한다. 1학년 2학기 정도 되면 아이들의 시험 결과를 대하는 태도가 1학기 때와는 달라진 모습이 발견된다. 시험 점수를 초조하게 기다리면서 시험지를 언제 나눠주느냐며 담임교사를 채근하는 일이 잦아지기 시작한다. 시험 결과가 공지되면 여기저기에서 웅성대는 소리가 들려온다. 어떤 아이는 "야호! 100점이다!"라며 환호성을 지르고, 어떤 아이는 "난 엄마한테 죽었다"라며 울상을 짓는다. 개중에는 좋은 점수를 받지 못해 울음을 터뜨리는 아이도 있다.

이런 과정을 거치면서 아이는 점점 공부 정체감을 형성시켜나간다. 그렇게 2학년, 3학년을 거치면서 자기만의 공부 정체감이 굳어지고, 4학년 정도가 되면 어지간한 외부 충격이 아니고서는 부서지지 않을 만큼 그간에 형성된 공부 정체감이 견고해진다.

6학년 담임을 할 때의 일이다. 우진이는 반에서 10등 정도 하는 성실한 아이였다. 우진이는 열심히 노력하는 것에 비해 성적이 썩 잘 나오는 편은 아니었다. 하루는 우진이를 격려해주기 위해 우진이를 따로 불러서 이런 이야기를 건넸다.

"우진아, 너는 선생님이 보니까 1등도 할 수 있겠다."

내 말을 가만히 듣더니 우진이가 이렇게 답했다.

"에이, 선생님 무슨 농담을 그렇게 하세요. 제가 어떻게 1등을 해요?"

우진이의 대답을 듣고 나니 우진이가 왜 노력하는 만큼 좋은 결과를 얻지 못하는지 알 것 같았다. 우진이는 공부 정체감이 부정적으로 형성되어 있었다. 부정적 공부 정체감은 우진이만 겪는 문제가 아니다. 많은 아이들이 여러 가지 이유로 부정적 공부 정체감을 갖고 있다. 이런 아이들은 자신이 노력한 만큼 성적이 나오지 않을뿐더러, 성적이 조금만 내려가도 크게 좌절하고 이내 공부를 포기하고 만다.

공부 정체감에 결정적 영향을 끼치는 시험

벼룩은 몸집이 겨우 2mm 정도에 불과하지만, 자기 몸집의 100배 이상 되는 높이까지도 뛰어오를 수 있다고 한다. 대단한 높이뛰기 선수인 벼룩을 높이가 10cm 정도 되는 유리 상자에 가두었다가 며칠 뒤에 꺼내놓으면 어떤 일이 벌어지는 줄 아는가? 놀랍게도 10cm 높이까지밖에 뛰지 못한다고 한다. 며칠 동안 줄곧 10cm 높이의 유리 천장에 부딪히면서 본래 타고난 높이뛰기 실력이 아래로 떨어지고 마는 것이다. 학교 현장에서 이런 유리 천장 같은 역할을 하는 존재가 있으니, 바로 시험이다.

시험을 보면 점수가 나오고, 점수가 나오면 자연스럽게 석차가 정해지기 마련이다. 이 과정에서 시험을 잘 본 아이들은 스스로를 공부 잘하는 사람이라고 생각하게 된다. 반대로 시험 점수가 좋지 않은 아이들은 스스로를 공부 못하는 사람이라고 여기게 된다. 학교에서 시험은 반복적으로 이루어지므로 이런 생각은 점차 강화된다.

시험 중에서도 초등학교 저학년 아이들에게 가장 큰 영향을 끼치는 시험은 받아쓰기 시험과 수학 단원 평가이다. 예전에 비해 시험이 많이 사라졌다고는 하지만, 대부분의 학교에서 여전히 받아쓰기와 수학 단원 평가 정도는 치른다. 이 시험들은 1학년 때부터 시작해서 학년이 바뀌어도 지속적으로 반복된다. 고학년으로 올라가면 시험을 치르는 횟수가 좀 더 잦아진다. 학교에 따라 조금씩 다르지만 여전히 중요 과목 단원 평가는 필수적으로 시행되고 있는 중이다. 이렇게 반복적으로 시험을 보면서 아이들은 자기도 모르는 사이에 공부 정체감을 형성시켜나간다.

부모들 중에서는 받아쓰기 시험을 아이들 소꿉장난처럼 별것 아닌 시험으로 여기는 분들도 있다. 그런데 저학년 아이들은 받아쓰기 시험을 힘들어한다. 평소 받아쓰기를 어려워하던 1학년 남자아이가 나에게 이렇게 물은 적이 있다.

"선생님, 받아쓰기보다 더 어려운 시험도 있어요?"

"그럼."

"정말요? 거짓말이죠?"

"아닌데. 정말인데?"

"아, 난 죽었다. 어떻게 받아쓰기보다 어려운 시험이 세상에 있어요?"

받아쓰기는 저학년 아이들에게 '넘을 수 없는 장벽'과 같은 존재이다. 세상에 태어나서 처음 겪어보는 시험이요, 처음으로 인생의 쓴맛을 느끼게 하는 시험이다 보니 세상에서 가장 어렵게 여겨지는 것이 당연하다. 받아쓰기 시험은 담임교사의 재량에 따라서 고학년까지도 지속되는 시험이기 때문에 꼭 신경을 써야 한다. 받아쓰기 시험 요령은 이 장의 마지막에 팁으로 제시했으니 참고하기를 바란다.

수학 단원 평가도 가장 자주 보는 시험 중 하나이다. 한 단원이 끝나면 으레 단원 평가를 실시하는 교사들이 많다. 학기말에 가서는 수학경시대회를 치르기도 한다. 현행 대학 입시에서 가장 비중이 큰 과목은 수학이다. 아이들도 이런 점을 인식하고 있다. 다른 과목에 비해 수학을 잘하면 공부를 잘하는 아이라고 여겨진다. 그런 까닭에 수학 시험을 잘 보면 아이의 공부 정체감을 향상시키는 데 큰 도움이 된다.

공부 정체감을 높여주는 방법

다이어트와 관련한 재미있는 실험 결과가 하나 있다. 연구진들은 어떤 방법으로 다이어트를 하는 것이 효과적인지 실험하기 위해 피험자 집단을 두 그룹으로 나누었다. 한 그룹은 '정크 푸드Junk food 안 먹기'를 목표로 세운 뒤 다이어트에 들어갔다. 다른 그룹은 '몸에 좋은 음식 먹기'를 목표로 세우고 다이어트에 들어갔다. 두 집단 중 체중

감량을 더 많이 한 그룹은 후자였다. 다이어트를 하는 기간 동안 정크 푸드를 안 먹는 것을 목표로 잡은 집단은 오히려 몸에 나쁜 음식을 먹지 말아야 한다는 생각에 사로잡혀 역설적으로 햄버거나 치킨 등 정크 푸드를 섭취하고 말았다고 한다. 반면에 몸에 좋은 음식을 먹는 것을 목표로 삼은 집단은 배가 고플 때 무작정 굶기보다는 토마토나 아몬드처럼 몸에 좋은 음식을 챙겨먹다 보니 오히려 다이어트에 긍정적인 효과를 얻을 수 있었다.

공부도 마찬가지이다. 아이가 잘하는 부분에 주목해서 자꾸 그것을 칭찬해줘야만 아이의 공부 정체감이 향상되고 결과적으로 공부를 더 잘할 수 있게 된다. 받아쓰기를 50점 받았다고 30분간 혼내는 부모는 많이 봤지만, 받아쓰기를 100점 받았다고 30분간 칭찬하는 부모는 보지 못했다. 아이가 긍정적인 공부 정체감을 형성하기 위해서는 아이가 잘해낸 부분에 주목해 칭찬해줄 수 있는 부모의 열린 태도가 필요하다.

공부 정체감은 대물림되는 속성이 있음도 기억하자. 아이의 공부 정체감은 부모의 공부 정체감을 닮는다. 4학년 아이들을 가르칠 때 수학을 잘 못하던 다연이가 했던 말이 아직도 기억에 남는다.

"선생님, 우리 엄마가 그러는데요. 엄마가 수학을 못해서 저도 수학을 못할 거래요."

다연이가 자신이 수학을 못하는 이유를 변명하기 위해 한 말이기도 하지만, 아이의 말 속에서 나는 다연이 부모의 공부 정체감이 어떠

했는지, 그것을 다연이가 어떻게 물려받았는지 짐작할 수 있었다.

부정적인 공부 정체감을 가진 부모 밑에서 자란 아이들은 대체로 공부 정체감이 부정적인 편이다. 이는 자존감이 낮은 부모 밑에서 성장한 아이들의 자존감이 낮은 것과 유사하다. 아이의 능력을 평가하는 말을 해야 할 때에는 내가 던지는 말 한마디가 아이의 자존감을 무너뜨리지는 않는지 항상 한 번 더 신중하게 생각하자.

TIP 받아쓰기 실전 전략

교과서 본문 소리 내어 읽어보기

대부분의 아이들이 받아쓰기 시험공부를 할 때 선생님이 미리 알려준 낱말이나 문장만 연습하는 경우가 많다. 하지만 그전에 받아쓰기가 출제되는 국어 교과서의 해당 단원을 소리 내어 읽어보게 하는 편이 좋다. 교과서를 읽는 과정에서 받아쓰기에 나올 예정인 단어나 문장을 찾으면 표시하게끔 하자. 소리 내어 읽기 과정을 거치면 받아쓰기에 나오는 단어나 문장이 어떤 문맥에서 나왔는지를 아이가 자연스럽게 파악하게 된다. 결과적으로 단어나 문장에 대한 이해력이 깊어질 뿐만 아니라, 시험에서 틀리지 않을 확률도 높아진다.

받아쓰기 문제 스스로 연습하기

받아쓰기 문제를 놓고 스스로 연습하게 한다. 이때는 단어나 문장을 많이 읽어보면서 써보는 것이 중요하다. 직접 손으로 글자를 써보면서 잘 틀리게 생긴 글자나 평소 본인이 생각하고 있던 맞춤법과 차이가 있는 글자 등에는 주의를 기울이고 표시를 해두게 하자. 이렇게 서너 번 이상 써보면 보통의 경우 받아쓰기 준비가 어느 정도 끝난다.

부모가 불러주고 받아 적게 하기

학교에서 하는 실전 받아쓰기처럼 부모가 교사 역할을 대신하면서 받아쓰기 시험을 치러본다. 이때 학교에서 시험을 볼 때와 같은 상황을 연출하는 것이 중요하다. 교사에 따라서 문제를 딱 두 번만 불러준다든지, 문장부호를 엄격하게 채점한다든지 하는 여러 가지 특징들이 있다. 담임교사의 특징을 파악하여 가급적 학교 시험과 똑같은 상황에서 모의 시험을 치를 필요가 있다. 그러면 아이가 실제로 시험을 볼 때 덜 불안해하며 차분한 마음으로 시험에 임하게 된다. 덕분에 실제 점수와 모의 점수 사이의 격차도 줄어들 수 있다.

틀린 문제 다시 써보기

받아쓰기 연습에서 틀린 문장이나 단어는 반드시 반복해서 5번 이상은 다시 쓰게 한다. 그리고 그 문장이나 단어는 받아쓰기 시험 직전에도 반드시 체크해서 틀리는 일이 없도록 아이에게 강조한다. 틀린 문제는 또 틀린다는 사실을 기억하자.

시험 준비물 확인하기

받아쓰기 시험을 할 때 의외로 학용품 준비가 미비해서 문제가 생기는 경우가 잦다. 연필이 준비되지 않은 아이, 지우개가 준비되지 않은 아이, 공책이 준비되지 않은 아이 등이 즐비하다. 준비물 문제로 시험 시작부터 삐걱대거나 교사에게 혼이 나서 시험을 망치는 경우도 자주 발생한다. 받아쓰기 시험이 있기 전날에는 아이가 받아쓰기 공책, 잘 깎인 연필 3자루, 지우개를 가방에 잘 챙겨 넣었는지 확인하자.

받아쓰기 사후 대응하기

받아쓰기 시험 점수보다 더 중요한 것은 사후 대응이다. 잘 보면 잘 본대로, 못 보면 못 본대로 적절한 대응을 해야 받아쓰기 시험을 통해 아이가 성장의 기회를 가질 수 있다.

아이가 시험을 잘 봤다면 충분한 칭찬과 격려가 뒤따라야 한다. 어떤 부모는 받아쓰기 시험을 100점 받은 일이 그렇게까지 호들갑 떨 일이냐는 식의 반응을 보이기도 하는데, 이는 잘못된 생각이다. 아이가 노력한 부분에 대해서는 분명한 칭찬을 해줘야 한다. 단, 100점을 받았다고 해서 돈을 준다든지, 선물을 사준다든지 하는 물질적인 보상은 삼가는 편이 좋다.

아이가 시험을 못 봤다면 사후 처리에 좀 더 각별하게 신경 써야 한다. 우선은 낮은 시험 점수가 자녀의 공부 정체감에 부정적인 영향을 끼치는 것을 차단해야 한다. 받아쓰기 점수를 두고 부모가 부정적인 반응을 보이면 아이의 공부 정체감에 부정적인 영향을 끼치게 된다.

받아쓰기 점수 자체보다는 점수가 잘 안 나온 이유 등을 중심으로 아이와 이야기를 나누는 편이 좋다. 점수가 좋지 않게 나온 이유에는 '열심히 준비를 안 해서', '너무 뒷자리에 앉아 선생님의 목소리가 들리지 않아서', '지우개가 없어서 틀린 답을 지우지 못해서' 등 다양한 이유가 존재할 것이다. 자녀의 충분한 소명을 귀 기울여 들어주고 그에 맞는 대처법을 강구하는 것이 현명한 대응이다.

04

개념 원리의 법칙

개념 원리는 시간이 갈수록
위력을 발휘한다

겨울에 눈사람을 만들어본 적이 있는가? 눈사람을 만들기 위해 눈을 뭉치다 보면 처음에는 눈이 잘 달라붙지 않아 쉽게 부서지기 일쑤이다. 그렇지만 작은 눈 덩어리를 단단하게 잘 뭉치고 다져가면서 조금씩 덩어리의 크기를 늘려가다 보면 어느 순간부터는 큼직하고 동그란 형태도 갖춰질 뿐만 아니라 눈도 잘 달라붙어서 눈 덩어리가 기하급수적으로 커진다. 그렇게 두 개의 커다란 눈 덩어리가 만들어지면 비로소 예쁜 눈사람이 완성된다.

아이들의 공부 실력이 성장하는 과정도 이와 비슷하다. 공부를 할 때 핵심적인 개념 원리를 제대로 이해하고 나면 공부에 가속도가 붙는다. 그런데 많은 아이들이 공부를 할 때, 핵심을 파악할 줄 모르다

보니 불필요한 부분을 공부하는 데 시간과 노력을 낭비하곤 한다. 반면에 공부를 잘하는 아이들은 개념 원리를 확실하게 꿰고 있다.

개념 원리는 공부의 기초이며 핵심이다. 공부를 집짓기에 비유하자면, 개념 원리를 제대로 공부하는 것은 터를 다지고 골조를 세우는 기초공사 과정이라고 할 수 있다. 기초공사가 부실한 집은 쉽게 무너질 위험이 크다. 공부를 할 때 개념 원리 다지기를 등한시하면 공부를 잘할 수 없다.

개념 원리를 터득하면 수학이 쉬워진다

"수학에 나오는 용어조차 잘 모른다면 문제를 제대로 풀 수 없어요. 개념과 원리를 이해하지 않고 문제만 많이 풀어서는 실력이 늘지 않습니다. 어떤 과목보다 기본 개념이 중요한 과목이 바로 수학이니까요."

이 말은 제50회 국제수학올림피아드 대회에서 은상을 받았던, 당시 서울과학고 1학년에 재학 중이던 류영욱 학생이 어떤 인터뷰에서 한 말이다. '수학의 신'이라고 불릴 만한 학생이 꼽은 수학을 잘하는 비결은 다름 아닌 개념 원리를 잘 알아야 한다는 것이었다. 학교에서도 수학을 잘하고 좋아하는 아이들에게 수학을 왜 좋아하냐고 물으면 류영욱 학생과 비슷한 말을 한다.

"수학은 사회처럼 외울 것이 많지 않아서 좋아요. 몇 가지 원리만 알면 되거든요."

수학을 싫어하는 아이들이 들으면 기가 찰 답변이다. 왜냐하면 수학을 싫어하는 아이들은 수학을 너무 복잡한 과목이라고 여기기 때문이다.

수학을 잘하고 좋아하는 아이들이 말한, '수학 공부를 위해 알아야 하는 몇 가지'가 곧 수학의 개념이다. 그렇다면 수학의 개념은 정확히 무엇일까? 어떤 학생들은 수학 공식을 수학 개념이라고 착각한다. 이런 경우 수학 공부를 할 때, 영어 단어 외우듯이 공식만 줄줄 외우기 십상이다. 하지만 공식을 잘 외운다고 해서 수학 점수가 잘 나오지 않는다. 수학 공식을 외우는 것은 개념 중심의 공부가 아니기 때문이다.

수학은 개념 원리를 제대로 터득하지 못하면 절대로 잘할 수 없는 과목이다. 곱셈의 예를 하나 들어보겠다. 3학년 아이들에게 '$3 \times 4 = \square$'를 물으면 자신들을 무시한다는 표정을 지으며 귀찮다는 듯이 '12'라고 답한다. 구구단은 2학년 때 이미 배웠으니 그런 반응을 보일 만도 하다. 이런 아이들에게 '$\frac{1}{4} \times 3 = \square$'를 물으면 난감한 표정을 지으면서 모른다고 말한다. 왜 모르냐고 물으면 아직 안 배웠다고 답한다. 교과 과정상 '$\frac{1}{4} \times 3 = \square$'의 연산은 5학년 때 배우기 때문이다. 하지만 수학 개념 원리를 충실하게 공부한 아이라면 3학년이라고 해도 '$\frac{1}{4} \times 3 = \square$'의 연산을 충분히 할 수 있다. 왜냐하면 곱셈 개념은 2학년 때 배웠고, 분수 개념은 3학년 때 배우기 때문이다. 그런데 왜 같은 3학년인데도 어떤 학생들은 '$\frac{1}{4} \times 3 = \Box$'의 연산을 할 줄 모른다고 하는 것일까? 이유는 자명하다. 곱셈의 개념을 배우기는 했지만 그 원리를 제대로 이해하지 못했기 때문이다. 곱셈은 기본적으로 덧셈 원리가 확장된 개념이다. 우리가 곱셈 부호를 빌려서 '3×4'라고 표현한 수식을 길게 펼쳐놓으면 결국 '$3+3+3+3$'이다. 같은 맥락에서 '$\frac{1}{4} \times 3$'은 $\frac{1}{4}$을 3번 더하라는 의미이므로 '$\frac{1}{4} \times 3 = \frac{1}{4} + \frac{1}{4} + \frac{1}{4} = \frac{3}{4}$'이 된다.

이처럼 곱셈 개념을 정확히 알면 3학년임에도 불구하고 5학년 수학 문제를 능히 풀 수 있다. 이는 선행 학습과는 전혀 다른 개념이다. 선행 학습은 상급 학년에서 배우는 교과 내용을 정해진 교과 이수 시기보다 빨리 접해 공부하는 것을 일컫는다. 그에 반해 개념 원리를 제대로 이해한 아이는 상급 학년의 교과 내용을 미리 접하지 않고서도 상급 학년의 문제를 충분히 풀 수 있다. 이처럼 수학은 개념 원리를 정확히 알고 있으면 상급 학년의 내용을 자연스럽게 알 수 있을 뿐만 아니라 그 응용력 또한 급격하게 높아진다.

사회, 과학에서 개념 원리는
용어의 이해이다

사회와 과학에서는 새로 등장하는 용어의 뜻을 이해하는 것이 무엇보다 중요하다. 용어의 의미를 모르면 교과서를 읽으면서도 무슨 내용인지 전혀 알 수 없다.

생활에 필요한 물건을 만들거나 우리 생활을 편리하고 즐겁게 해주는 활동을 **생산**이라고 합니다. 그리고 생산한 것을 쓰는 것을 **소비**라고 합니다. 빵집 주인이 빵을 만드는 활동, 미용사가 머리를 손질해주는 활동 등은 생산 활동의 모습입니다. 우리가 빵집에서 빵을 사 먹거나 미용실에서 머리 손질을 받는 것은 소비 활동의 모습입니다.

　　　　　　　　　　　　　　　　　　　　－ 4학년 2학기 사회 64쪽

화산은 마그마가 분출하여 생긴 지형입니다. 땅속 깊은 곳에서 암석이 녹은 것을 마그마라고 합니다. 화산은 크기와 생김새가 다양하고, 꼭대기에 분화구가 있는 것도 있습니다. 화산 분화구에 물이 고여 커다란 호수나 물웅덩이가 생기기도 합니다.

　　　　　　　　　　　　　　　　　　　　－ 4학년 2학기 과학 83쪽

위의 내용들은 '생산과 소비', '화산'이라는 용어의 개념에 대해 설명한 글이다. 이 글을 글자를 몰라서 못 읽는 4학년은 없을 것이다. 하지만 글자는 읽을 줄 알면서도 무슨 의미인지를 모르는 아이들은 아주 많다. 왜냐하면 앞의 내용을 온전히 이해하기 위해서는 본문에 등장하는 '생산과 소비', '화산'은 말할 것도 없고, '마그마', '지형', '암석', '분화구'와 같은 용어의 개념도 알아야 하기 때문이다. 글자를 읽을 수는 있으나 의미 해석이 되지 않는 아이들에게 사회나 과학 교과서는 마치 알파벳은 알지만 내용은 이해할 수 없는 영어 책을 읽는 것과 다를 바가 없다.

그런데 시험에서 용어의 개념을 묻는 문제는 빈번하게 출제되는 단골손님이다. 앞에서 예로 든 교과서 본문은 다음과 같은 형식의 문제로 출제되곤 한다.

[문제] 다음 중에서 생산과 소비에 대한 설명으로 틀린 것은 어느 것인가?

① 생산은 생활에 필요한 물건을 만드는 것이다.

② 소비는 생산한 것을 쓰는 것을 의미한다.

③ 우리 생활을 편리하고 즐겁게 해주는 활동도 생산이라 할 수 있다.

④ 미용사가 머리를 손질해주는 활동은 소비 활동이다.

⑤ 빵집 주인이 빵을 만드는 활동은 생산 활동이다.

[문제] 다음 중에서 화산에 대한 설명으로 틀린 것은 어느 것인가?

① 화산은 마그마가 분출하여 생긴 지형이다.

② 땅속 깊은 곳에서 암석이 녹은 것을 마그마라고 한다.

③ 화산은 크기와 생김새가 모두 같다.

④ 화산은 꼭대기에 분화구가 있는 것도 있다.

⑤ 화산 분화구에는 물이 고여 호수나 물웅덩이가 생기기도 한다.

이런 문제들은 용어의 개념을 정확히 알고 있어야 풀 수 있다. 사회나 과학 시험에서 이처럼 용어의 개념을 묻는 문제의 비중은 상당히 높다. 즉, 용어의 개념을 이해하지 못하면 좋은 점수를 받을 수 없을 뿐만 아니라, 교과서를 읽어도 무슨 말인지 잘 모르고 넘어가게 된다.

사회나 과학을 어려워하는 아이들은 대부분 교과서에 등장하는 용어 개념을 제대로 이해하지 못한 경우가 많다. 이런 아이들이 공부하는 모습을 보면 용어와 용어의 뜻을 무턱대고 외우려고 한다. 이해만 하고 넘어가도 되는 내용을 모조리 외우려고 하니 '머리가 터질 것 같다'라는 푸념을 절로 하게 된다.

사회나 과학 공부를 할 때에는 중요한 용어의 뜻을 올바로 파악하려는 습관을 들이는 것이 우선이다. 중요한 용어의 개념부터 철저히 공부하고 나면 자신도 모르는 사이에 사회와 과학 교과서의 내용이 술술 이해될 것이다.

개념 원리에
충실한 공부 방법

개념 원리가 중요하다는 말은 누구나 한다. 하지만 개념 원리에 충실한 공부법이 무엇이냐는 질문에는 선뜻 구체적으로 답하기가 쉽지 않다. 현직 교사로서 다년간의 경험을 통해 깨닫게 된 개념 원리에 충실한 공부법을 공유하고자 한다.

교과서 반복해서 읽고 풀기

개념 원리에 충실한 공부를 할 수 있는 가장 현실적인 방법은 교과서를 반복해서 읽고 푸는 것이다. 교과서는 새로 등장하는 개념이나 원리에 대해 자세한 설명을 해주는 최적의 텍스트이다. 요즘 교과서는 아이들에게는 생소한 개념과 원리의 이해를 돕기 위해 그림, 사진, 도표와 같은 시각적 자료들을 총동원해서 만들어진다.

특히 현직 교사로서 느끼기에 예전에 비해 교과서의 구성이 눈에 띄게 좋아진 과목을 꼽자면 바로 수학이다. 요즘 수학 교과서는 아이들이 수학의 개념 원리를 제대로 깨우칠 수 있는 방향으로 충실하게 구성됐다. 그래서 수학 교과서를 동화책 읽듯이 반복해서 읽고, 문제를 풀다 보면 아이가 어느 순간 수학의 개념 원리를 익히게 된다. 어떤 아이들은 교과서는 등한시하고 수학 문제집만 열심히 풀곤 하는데, 단언컨대 이는 상당히 어리석은 짓이다. 수학 문제집은 수학의 개념 원리를 자세하게 소개하기보다는 많은 문제를 풀도록 만들어졌기 때문에 개념 원리를 단단히 다져야 하는 경우, 오히려 공부에 방해가 될 수 있다. 따라서 가급적 수학 교과서를 한 권 정도 여벌로 구입해서 집에 두고 시간이 날 때마다 읽거나 교과서에 실린 문제를 반복적으로 푸는 편을 권장한다.

개념 사전 적극적으로 활용하기

국어나 영어를 공부하다가 모르는 단어가 나올 때 우리는 사전을 찾는다. 같은 이치로 수학, 사회, 과학 공부를 하다가 모르는 개념이 나오면 개념 사전을 찾아가면서 공부하는 것이 좋다.

- 『개념연결 초등수학사전』, 비아에듀
- 『초등수학 개념사전』, 아울북
- 『초등학생을 위한 수학실험 365』, 바이킹
- 『초등과학 개념사전』, 아울북
- 『와이즈만 과학사전』, 와이즈만북스
- 『초등사회 개념사전』, 아울북

위와 같은 개념 사전들은 개념의 뜻을 정확하면서도 깊이 있게 잘 설명해주기 때문에 아이가 혼자 공부하는 데에 매우 큰 도움이 된다. 가끔 이런 개념 사전을 통독하는 아이들도 있는데, 이런 아이들의 개

넘 이해의 수준이 종종 교사보다 더 뛰어날 때가 있음을 실감한다.

개념 원리 공책을 만들고, 틈날 때마다 읽어보기

개념 원리 공책을 과목별로 만들어 틈날 때마다 읽어보는 것도 좋다. 개념 원리는 처음에는 올바른 이해가 중요하지만, 의미를 이해하는 것에만 머무르면 시험에서 좋은 결과를 얻을 수 없다. 이해에서 멈추지 않고, 그 뜻을 암기하는 수준까지 이르러야 한다. 암기의 기본은 반복이다. 교과서에 등장하는 개념 원리를 아이가 공책에 따로 정리하게 하고, 시간이 날 때마다 읽게 하자. 이를 반복하다 보면 개념 원리를 자연스럽게 외우게 된다.

개념 원리를 '자기 언어화' 시키기

3학년 아이에게 '선분'이 무엇이냐고 질문하니 한 아이가 "점과 점을 잇는 곧은 선"이라고 대답한다. 이 정도만 되어도 훌륭하다. 하지만 이 대답은 수학 교과서에 나오는 선분의 정의를 그대로 읊은 것에 불과하다. 여기에서 한 발 더 나아가서 어떤 개념을 자기만의 언어로 설명할 줄 안다면 그 아이의 공부 내공은 상당하다고 할 수 있겠다. 이를테면 "선분은요, 점과 점이 있을 때 두 점을 이어주면서 똑바로 반듯이 그은 선이에요"라고 말하는 식이다.

개념의 중요한 요소를 빼먹지 않으면서 자기 언어로 설명할 줄 안다는 것은 그 개념을 완전히 체화해서 이해했다는 의미이다. 자기 언어화를 했다는 것은 나름의 재구성을 했다는 뜻이다. 이렇게 쌓인 지식은 언제, 어디에서든 활용될 수 있는 살아 있는 지식이라고 볼 수 있겠다. 개념 원리를 자기 언어화 시켜주기 위해서는 교과서에 나와 있는 개념을 앵무새처럼 그대로 말해보게 하는 것이 아니라 아이의 언어로 설명해보라고 하면 된다.

05

암기의 법칙

암기는 요령이고
타이밍이다

정후는 내가 5학년 아이들을 지도할 때, 학년에서 공부를 제일 잘하는 학생이었다. 흥미로웠던 것은 겉으로 보아서는 정후가 공부를 썩 열심히 하는 아이가 아니었다는 사실이다. 정후는 쉬는 시간이나 점심시간에 그 누구보다 땀을 뻘뻘 흘리면서 노는 아이들 중 한 명이었다. 친구들 눈에도 그 점이 신기했는지 정후의 공부 실력을 부러워하곤 했다.

하지만 교사인 내가 보기에 정후가 다른 아이들과 남달랐던 모습이 하나 있었다. 수업 종료를 알리는 소리가 들리면 여느 아이들은 용수철 튀어 오르듯 자리를 박차고 밖으로 뛰쳐나가기에 바빴다. 그런데 정후는 1~2분 정도 자리에 앉아서 교과서나 공책을 유심히 들여다보며 수업 시간에 배운 내용을 살펴보고서야 자리를 뜨는 것이었다. 짧은 시간이었지만, 수업 시간에 배운 내용을 복습하는 행동이었다. 특히 주지 교과(국어, 수학, 사회, 과학) 수업이 끝나면 예외 없이 이런 모습을 관찰할 수 있었다. 또래 친구들은 정후가 공부 재능을 타고났다며 부러워했지만, 교사의 눈으로 보았을 때 정후의 공부 비결은 가장 적절한 타이밍에 하는 복습이었다.

공부는 망각과의 전쟁

공부를 잘한다는 것은 어찌 보면 공부한 내용을 잘 기억한다는 말과 같다. 공부를 잘하는 아이들은 그동안 배웠던 내용을 많이 기억하고 있다가 시험을 볼 때 그 내용들을 바탕으로 문제를 풀다 보니 정답을 맞힐 확률이 높다. 반면에 공부를 못하는 아이들은 배운 내용을 잘 기억하지 못해서 정답을 잘 맞히지 못한다.

사실 공부를 잘한다고 해서 기억력이 특별히 좋은 것은 아니다. 정확하게 이야기한다면, 적절한 타이밍에 반복을 거듭하다 보니 학습한 내용을 또렷하게 기억하게 되는 이치이다. 공부를 못하는 아이들은 배운 내용을 다시 되풀이해서 보지 않을뿐더러 반복해서 살펴보는 요령도 잘 모른다.

오늘 영어 단어 50개를 외웠다고 치자. 내일이 되면 오늘 외운 단어의 절반은 잊어버리기 십상이다. '망각'은 남녀노소를 가리지 않고 모두에게 찾아오는 기억의 저승사자와 같은 존재이다.

망각에 대해 16년에 걸쳐 심도 있게 연구한 독일의 심리학자 헤르만 에빙하우스Hermann Ebbinghaus는 시간과 기억력 사이의 관계를 다음의 그래프와 같이 나타냈다.

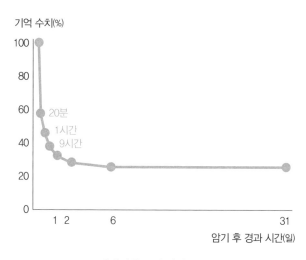

에빙하우스의 망각 곡선

이 그래프에 따르면 인간은 기억한 정보의 절반 이상을 1시간 내에 잊어버림을 알 수 있다. 시간이 지날수록 망각되는 정보의 양은 늘어나서, 하루가 지나면 전체 기억량의 70%를, 1개월이 지나면 80%를 잊어버리게 된다고 한다. 에빙하우스의 연구 결과에 근거하면, 오늘 영어 단어 50개를 외웠다고 할지라도 다음 날 20개 정도만 기억하는 것은 지극히 정상적이다.

공부를 잘하기 위해서는 망각을 최대한 저지하고 기억력을 높이는 방법을 찾아서 학습한 내용을 온전히 내 것으로 만들어야 한다. 에빙 하우스는 기억력을 높이는 가장 좋은 방법으로 반복을 꼽았다. 더불 어서 '한 번 종합하여 반복하는 것'보다 '일정 시간 안에 분산하여 반 복하는 것'이 훨씬 효과적이라고 한다. 쉽게 말해 몰아서 하는 공부보 다 조금씩 자주 반복하는 공부가 효율성 측면에서 더 낫다는 말이다. 반복의 가장 유용한 학습 도구는 바로 예습과 복습이다.

수업 준비도를
급상승시키는, 예습

우리는 운동을 하기 전에 스트레칭을 하거나 가볍게 뛰는 등 준비운 동을 한다. 준비운동은 본 운동을 하기 전, 우리 몸을 운동을 하기에 가장 적절한 상태로 끌어올려준다. 일종의 워밍업 단계이다. 준비운 동을 제대로 하지 않으면 몸에 무리가 와서 부상의 위험도 높아지고, 운동의 효과도 반감된다. 공부에서도 준비운동과 같은 활동이 있는데 바로 '예습'이다.

예습이란 말 그대로 수업 시간에 공부할 내용을 미리 한 번 보고 나서 수업에 임하는 것을 의미한다. 수업할 내용을 미리 알고 수업에 참여하는 아이와 그렇지 않은 아이의 수업 집중도는 전혀 다르다. 예습을 한 아이는 수업 준비도가 높기 때문에 수업 집중도도 매우 높다. 반면에 예습을 하지 않은 아이는 수업에 대한 준비가 전혀 되어 있지 않기 때문에 수업 집중도가 낮다.

인간에게는 기본적으로 지적 호기심이 있다. 그런데 이 지적 호기심은 전혀 모르는 문제보다는 어느 정도 알고 있는 문제를 두고서 더 크게 발동한다. 예습을 한 아이는 그렇지 않은 아이보다 지적 호기심이 더 크게 발동되어서 수업에 깊게 몰입한다.

예습은 타이밍과 요령이 중요하다. 우선 본 내용을 배우는 시간과 가까운 시간에 예습할수록 그 효과가 크다. 예컨대 3교시에 사회 수업이 있다면, 2교시를 마친 뒤 쉬는 시간에 사회 교과서를 한 번 쓱 읽어보는 편이 예습의 효과가 가장 좋다. 하지만 현실적으로 초등학생이 이와 같이 자율적으로 예습하기를 기대하기란 어렵다. 그렇기 때문에 아침 자습 시간이나 전날 저녁에 교과서를 미리 읽어보게끔 유도하는 편이 낫다.

부담이 될 것 같지만 막상 해보면 그렇지 않다. 국어, 수학, 사회, 과학 네 과목을 모두 예습한다고 가정해도 실상 아이가 미리 읽어야 할 내용은 10쪽을 채 넘지 않는다. 4학년 교과 과정을 기준으로 할 때,

주지 교과들의 경우 보통 한 차시에 두 쪽 정도 진도를 나간다. 10쪽 내외를 눈으로 쭉 훑어보는 데에는 10분 남짓이면 충분하다. 세세하게 읽는다고 해도 20분을 넘기지 않는다.

교과서를 읽을 때에는 그냥 쭉 읽게 하기보다는 아이가 생각했을 때 중요한 곳이라고 여겨지는 곳에 밑줄을 그어가며 읽게 하자. 밑줄을 긋는 행위는 집중력을 발휘하게 할 뿐만 아니라 심리적으로도 큰 도움이 된다. 수업 시간에 해당 페이지를 펼쳤을 때, 자신이 미리 공부한 흔적이 있으면 그 흔적이 아이에게 편안함과 공부 자신감을 불어넣어준다.

더불어서 아이에게 예습을 하면서 미처 몰랐던 내용이나 선생님에게 여쭈어보고 싶은 내용이 있다면 교과서에 표시하거나 적어두게 하고, 수업 시간에 그 부분을 특별히 집중해서 듣게 한다. 그래도 잘 이해가 되지 않는 내용은 담임교사에게 개별적으로 질문해서 알고 지나가면 된다.

망각을 저지하는
최선의 방법, 복습

앞서 소개한 에빙하우스의 망각 곡선에 따르면 우리는 배운 지 1시간 이내에 학습한 내용의 절반 이상을 잊어버린다. 굳이 에빙하우스의 연구까지 가지 않더라도, 우리는 경험적으로 무엇인가를 잘 기억하기 위해서는 반복 숙달하는 방법, 즉 복습 외에는 마땅한 대안이 없음을 잘 알고 있다.

복습에서 가장 중요한 것은 타이밍이다. 언제 복습하느냐에 따라 학습 효과에 현격한 차이가 나타난다. 다시, 에빙하우스의 망각 곡선으로 돌아가보자. 그의 연구에 따르면 배운 지 10분 이내에 반복해주면 해당 정보에 대한 기억이 하루 동안 유지되며, 하루가 지난 뒤 다시 한 번 반복하면 일주일 동안 유지된다고 한다. 즉, 배운 내용을 가급적 빨리 반복할수록 기억에 절대적으로 유리하다는 것이다.

만일 배운 내용을 한 번만 반복해야 한다면 망각이 시작되기 1시간 이내에 복습하는 것이 가장 효과적이다. 학습한 날을 기점으로 하루를 넘기고 나면 복습의 효율성은 급격히 하락한다. 아이가 학교생활을 하면서 복습하기에 가장 좋은 시간은 수업이 끝난 직후의 쉬는 시간이다. 이때는 방금 전 수업을 마쳤기 때문에 내용에 대한 이해가 최상인 상태이다. 또한 교사가 수업 중에 어떤 내용이 중요한지 이미 강조하여 말했기 때문에 해당 부분만 빠르게 훑어보기가 가능하다. 즉, 1~2분 사이에 40분 동안의 수업 분량을 복습할 수 있다.

만일 아이의 습관상 이와 같은 복습이 불가능하다면, 가정에서 별도로 복습하는 과정이 필요하다. 가정에서 복습을 할 때에도 너무 긴 시간 동안 아이를 붙잡아두면 초등학생의 특성상 실패하기 쉽다. 복습은 한 과목당 아무리 오래 걸려도 5분 이내에 마치도록 하자. 이때 그냥 훑어보기보다는 핵심 내용에 색연필 등으로 표시하면서 보도록 하는 것이 좋다.

부모가 아이의 공부를 곁에서 조금 더 살펴줄 여력이 된다면 각 교과 수업 시간에 배운 내용 중 핵심만 간추려서 1~2분 동안 스피치를 해보도록 시키는 것도 권장할 만하다. 이런 식의 복습 방법은 아이의 수업 집중도를 향상시켜준다. 아이는 의식적으로 스피치 할 내용을 파악하기 위해서 수업에 적극적으로 임하고 집중하게 된다. 그뿐만 아니라 학습한 내용을 재구성해 발화하는 과정에서 말하기 능력 역시 발달한다. 초등학교에서 말하기 교육의 목표는 목적, 상황, 대상에 맞는 내용을 선정하고 조직하여 자기 언어로 표현할 수 있는 능력을 신장시키는 것인데, 짧은 스피치는 이러한 목표를 자연스럽게 달성하게 해준다.

효과적인
암기법

일반적으로 많이 알려진, 암기를 잘하기 위한 방법을 교과목과 관련지어 몇 가지 소개해보면 다음과 같다.

취침 전 시간을 최대한 활용하기

취침 전 20분을 최대한 활용하자. 잠들기 전에 공부하면 그 이후에는 수면으로 인해 별다른 정보가 투입되지 않아 기억력 향상에 큰 도움이 된다. 단, 이때는 아이가 만든 개념 원리 공책 등을 반복하여 읽히는 방식이 효과적이다. 당연한 이야기이겠지만, 자기 전에 스마트폰을 보는 것은 숙면을 방해하므로 최대한 자제하도록 하자.

중요한 내용은 공부 시간의 처음과 끝에 외우기

뇌가 가장 오래 기억하는 내용은 공부를 시작하는 순간과 마무리하는 순간에 학습한 정보이다. 따라서 중요한 내용은 공부 시간의 처음과 끝에 외우도록 하자. 수학이나 과학의 공식과 개념 원리를 이때 외우면 좋다.

외울 내용을 시각화하기

문장만 외우기보다는 도표나 그림, 사진, 삽화 등의 시각 자료의 도움을 받아 암기하면 오랫동안 기억할 수 있다. 특히 마인드맵의 활용을 권장한다. 마인드맵은 마음속에 지도를 그리듯이 특정한 개념이나 이야기를 점점 밖으로 확장해나가며 정리하는 방법으로, 암기할 내용을 시각화하는 데 탁월하다. 특히 사회의 경우 마인드맵을 활용하면 암기에 효과적이다.

앞글자만 따서 외우기

무지개 색깔을 외울 때 '빨주노초파남보'라고 외우는 것은 앞글자만 따서 암기하기의 좋은 예이다. 이 방법은 과학이나 사회에서 유용하게 사용된다. 태양계의 행성들을 '수금지화목토천해'라고 외운다든지, 조선의 역대 왕들을 '태정태세문단세'라고 외우는 것이 대표적이다.

재미 요소를 가미해서 외우기

본인이 알고 있는 노랫말을 개사해서 암기해야 할 내용으로 바꿔 부르는 것도 암기력을 향상시키는 좋은 방법이다. 노래를 개사하는 과정에서부터 공부가 시작된다. '한국을 빛낸 100명의 위인들'과 같은 노래는 노래 자체로 충분한 역사 공부가 된다. 수학 개념도 노래로 기억하면 아주 재미나면서도 오랫동안 잊어버리지 않는다. 실제로 4학년 아이들을 지도할 때 꼭 기억해야 할 수학의 개념이나 원리를 다음과 같이 노래로 만들어 가르친 적이 있었다. 아이들이 개사한 노래를 따라 부르는 동안 깔깔대며 재미있어 했음은 물론이고, 개념 원리도 오랫동안 기억함을 관찰할 수 있었다.

원래 노래	수학 개념 원리 개사 노래
[은하철도 999] 힘차게 달려라 은하철도 999 힘차게 달려라 은하철도 999 은하철도 999	**[마름모 노래]** 네 변의 길이가 모두 같은 사각형 네 변의 길이가 모두 같은 사각형 마름모라 합니다
[흰 눈이 기쁨 되는 날] 흰 눈이 기쁨 되는 날 흰 눈이 미소 되는 날 흰 눈이 꽃잎처럼 내려와 우리의 사랑 축복해	**[진분수 덧셈 노래]** 진분수 덧셈하는 법 진분수 덧셈하는 법 분모는 그~대로 적고요 분자끼~리 더해요
[흰 눈이 기쁨 되는 날] 흰 눈이 기쁨 되는 날 흰 눈이 미소 되는 날 흰 눈이 꽃잎처럼 내려와 우리의 사랑 축복해	**[진분수 뺄셈 노래]** 진분수 뺄셈하는 법 진분수 뺄셈하는 법 분모는 그~대로 적고요 분자끼~리 빼~요

내용에 의미를 부여해서 외우기

무의미한 정보보다는 유의미한 정보가 기억에 더 오래 남는 법이다. 예를 들어 '2479011004'처럼 불규칙적으로 연속되는 숫자를 외울때, 그냥 외우는 것이 아니라 '247동 901호에 사는 천사(1004)'라고 재구성하여 외우면 보다 쉽게 외워진다. 이때 내 주변의 사람이나 사물처럼 나와 유관한 것들을 끌어와 의미를 부여하면 더욱 암기가 수월해진다.

녹음하여 반복해서 듣기

핵심이 되는 부분 또는 헷갈리는 부분을 재미난 목소리로 녹음한 뒤에 반복해서 들으면 암기에 많은 도움이 된다. 특히 영어 단어나 영어 숙어 등 외국어를 공부할 때 효과적이다.

TIP 학습 카드기를 활용한 암기법

학습 카드기를 이용한 암기법은 『공부의 비결』이라는 책에 소개된 방법으로, 필자가 학교 현장에서 활용해보니 효과가 아주 좋아 이 책에서도 소개해보고자 한다.

학습 카드 상자 만들기

학습 카드기를 활용해 암기하기 위해서는 우선 학습 카드와 학습 카드 상자를 만들어야 한다. 학습 카드 상자는 하드보드지나 마분지처럼 빳빳한 종이로 만드는 것이 좋다. 먼저 가로 30cm, 세로 11cm, 높이 5cm의 덮개가 없는 상자를 ①번 그림과 같이 만든다. 이와 같은 기본 상자를 다 만들었으면 그다음에는 기본 상자를 5개의 칸으로 나누도록 하자. 이때 칸을 일정 간격으로 나누지 말고 첫 번째 칸의 폭은 1cm, 두 번째 칸은 2cm, 세 번째 칸은 5cm, 네 번째 칸은 7cm, 다섯 번째 칸은 15cm가 되도록 만들자. 칸을 나누는 종이는 기본 상자를 만들 때 쓴 종이처럼 빳빳한 재질이면 무엇이든 무방하다. 다 완성된 상자의 모양은 ②번 그림과 같다.

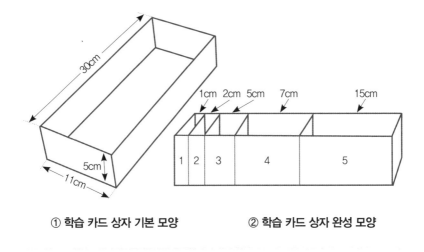

① 학습 카드 상자 기본 모양　　　② 학습 카드 상자 완성 모양

학습 카드 만들기

학습 카드를 만드는 방법은 간단하다. A4 용지를 3번을 접으면 종이가 8등분 되는데 접힌 선대로 자르면 8장의 학습 카드가 완성된다.

학습 카드기 사용 요령

공부를 하다가 꼭 암기해야 하는 내용이 등장하면 아무것도 적혀 있지 않은 학습 카드 한 장을 꺼내어 앞면에는 외워야 하는 개념을, 뒷면에는 해당 개념에 대한 설명이나 풀이를 적는다. 예를 들어 4학년이 학습 카드기를 활용해 공부한다고 가정한다면, 각 과목별로 학습 카드에 다음과 같은 내용을 적을 수 있을 것이다.

구분	국어	수학	사회	과학	영어
앞면	육하원칙	평행사변형	연표	화석	Student
뒷면	누가, 언제, 어디서, 무엇을, 어떻게, 왜	서로 마주 대하는 두 쌍의 변이 각각 평행인 사각형	옛날에 있었던 일들을 일어난 순서에 따라 표로 정리한 것	생물의 흔적이 돌이나 흙 사이에 남아 그 모습이 보존된 것	학생

학습 카드를 적을 때 주의할 점이 있는데, 한 장의 카드에 한 가지 내용만 적도록 한다. 학습 카드에는 앞의 예시처럼 반드시 외워야 하는 내용을 적는 것이 중요하다. 또한 카드를 적기 전에 그 내용을 반드시 이해하고, 한 번 외우고 난 뒤 카드에 적는 편이 좋다.

이렇게 작성된 카드는 차례대로 학습 카드 상자의 첫 번째 칸에 꽂아둔다. 며칠이 지나 약 40장 정도가 쌓이면 첫 번째 칸에는 더 이상 학습 카드를 꽂을 수 없게 된다. 그렇게 첫 번째 칸이 다 차면 거기에 들어 있던 카드를 모두 꺼내고 암기가 된 내용이 적힌 카드는 두 번째 칸으로 옮겨 넣고, 그렇지 못한 카드는 첫 번째 칸에 그대로 둔다. 예를 들어 'Student'가 적힌 카드를 보고, '학생'이라는 뜻이 2, 3초 이내에 생각나면 해당 카드는 두 번째 칸으로 옮겨주는 식이다. 만일 뜻이 생각나지 않는다면 그냥 첫 번째 칸에 남겨둔다. 이때 기억이 나지 않는다고 해서 자책하거나 애써 외우려고 하지 말자. 학습 카드기의 목적은 잦은 반복을 통해서 고통스럽지 않게 암기하는 것이다. 암기가 되지 않은 내용은 그저 가벼운 마음으로 첫 번째 칸에 내려놓자.

다음 날도 같은 행동을 반복한다. 이때 두 번째 칸에 들어간 학습 카드를 당장에 들춰볼 필요는 없다. 이런 식의 암기를 매일 반복하다 보면 두 번째 칸도 어느 순간 다 차는 때가 온다. 그러면 그때서야 두 번째 칸에 들어간 학습 카드를 들춰보며 암기가 제대로 됐는지 다시 확인한다. 암기가 잘된 내용은 세 번째 칸으로 카드를 옮기고, 그렇지 못한 것은 다시 첫 번째 칸으로 옮긴다.

이런 방식을 반복하다 보면 다섯 번째 칸까지 다 차는 순간이 온다. 이때 카드에 적힌 내용들 중 기억이 잘 나는 내용은 우리 뇌의 장기기억을 담당하는 장소에 저장이 잘되었다고 봐도 무방하다. 그리고 그 카드는 더 이상 학습 카드기에 꽂아놓을 필요가 없다.

학습 카드기의 장점과 주의할 점

학습 카드기를 활용한 암기는 많은 장점이 있다. 우선 필요 없는 반복을 줄일 수 있어 학습의 효율성을 높이고, 시간을 절약할 수 있다. 또한 초등학생들의 특성에도 잘 맞는다. 자신이 공부한 양이 눈으로 고스란히 보이기 때문에 확인이 용이하며, 늘어가는 학습 카드를 보면서 뿌듯함을 느낄 수 있다. 무엇보다 제대로 기억할 수 있을 때까지 여러 차례 반복이 가능하다.

물론 주의할 점도 있다. 꼭 암기가 필요한 내용만 선별하여 학습 카드로 만들어야 한다. 공부를 잘 못하는 아이들은 외우지 않아도 되는 내용까지도 학습 카드로 만든다. 특히 사회나 과학은 워낙에 등장하는 개념이 많기 때문에 꼭 외워야 하는 내용을 선정하기가 어렵다. 이런 경우에는 부모가 곁에서 도와주는 편이 좋다.

또한 학습 카드기를 활용하여 암기를 할 때에는 단번에 모든 내용을 암기하려고 욕심내지 말아야 한다. 부담 없는 마음으로, 마치 게임하듯 즐겁게 공부를 하도록 유도하는 것이 학습 카드기의 가장 큰 목적임을 기억하자. 아이가 잘 외우지 못하여 전전긍긍한다면 "꼭 오늘 다 외워야만 하는 건 아니란다. 내일 다시 해보면 그때는 잘 외워질 거야"라고 이야기해주며 아이의 부담을 덜어주는 방향으로 격려해주도록 하자.

06

파레토의 법칙

공부에도
파레토 법칙은 존재한다

'파레토의 법칙'이란 이탈리아의 경제학자 빌프레도 파레토^{Vilfredo Pareto}가 자산의 분포 상태를 연구하다가 경험적으로 발견한 법칙으로, '전체 결과의 80%가 전체 원인의 20%에서 일어나는 현상'을 가리킨다. 예컨대 20%의 고객이 백화점 전체 매출의 80%에 해당하는 금액만큼 쇼핑을 한다거나, 상위 20%의 계층이 사회 전체의 부(富) 80%의 소유하고 있는 현상이 파레토의 법칙으로 설명된다. 파레토의 법칙은 일명 '2대8 법칙'으로 부르기도 하는데, 경제 현상을 비롯해 사회현상, 심지어 인간의 행동 양식 전반을 설명하는 데에도 적용할 수 있는 범용적인 원칙이다.

파레토의 법칙은 교육 현장 곳곳에서도 발견된다. 파레토의 법칙이 학교 현장에서 어떻게 적용되고 있는지 이해하면, 공부를 보다 효율적으로 할 수 있다.

용의 꼬리보다 뱀의 머리가 낫다

파레토의 법칙이 발견된 계기는 퍽 재미있다. 어느 날 파레토가 땅 위의 개미 떼를 물끄러미 들여다보고 있었는데, 가만히 보니 모든 개미가 열심히 일하는 것은 아니었다. 오히려 열심히 일하지 않는 개미의 수가 훨씬 많았다. 이에 흥미를 느낀 파레토가 열심히 일하는 개미와 그렇지 않은 개미의 비율을 따져보았더니 약 20:80 정도였다. 여기에서 한 발 더 나아가서 파레토는 일을 열심히 한 개미들만 따로 모은 후, 다시 먹이를 나르게 했다. 그랬더니 놀라운 현상이 일어났다. 처음에는 모든 개미들이 열심히 일했지만, 이윽고 시간이 흐르자 그 안에서도 열심히 일하는 개미와 그렇지 않은 개미들도 그룹이 나뉘기 시작했고, 그 비율은 역시 20:80에 가까웠다.

2대8의 법칙은 80%의 게으른 개미들을 모아서 실시한 실험에서도 관찰됐다. 일을 열심히 하지 않았던 80%의 개미들을 모아놓았더니, 처음에는 모두 일을 하지 않더니만 어느 순간 일하는 개미가 발견되기 시작했고, 한참의 시간이 흐르자 그 그룹 안에서 일하는 개미와 일하지 않은 개미의 비율은 20:80의 비율을 보였다. 개미뿐만이 아니라 벌을 상대로 한 실험에서도 동일한 결과가 나왔다.

학교 현장에서도 이와 비슷한 현상이 관찰된다. 한 반의 정원(30명)을 성적에 따라 각각 10명씩 상, 중, 하로 나누어 수준별 반을 편성하면 무척 흥미로운 일이 벌어진다. 하반으로 편성된 아이들은 대체로 반에서 수업 태도가 산만하거나 수업에 소극적으로 참여하는 경향이 크다. 그런데 이 아이들을 따로 모아 한 반으로 만들면, 놀랍게도 그 안에서 수업에 집중하고 열심히 참여하는 아이들이 생긴다. 그것도 파레토의 법칙을 지키면서 말이다.

상반의 경우도 거의 마찬가지이다. 잘하는 아이들만 따로 모았지만, 시간이 흐르면서 그 안에서 우열이 나뉘고 그 비율은 파레토의 법칙을 따른다. 부모 입장에서는 자녀가 상반인지 하반인지를 더욱 중요하게 따지게 되지만, 실은 아이가 자신이 속한 집단에서 상위 20%에 속하느냐, 아니면 나머지 80%에 속하느냐가 훨씬 더 중요하다. 쉽게 표현하자면 '용의 꼬리보다 뱀의 머리가 낫다'는 말이다.

아이가 상반에 속하면 그로 인해 자신감이 생겨 학업 성취도가 더 올라갈 것으로 예상되지만, 기대와 달리 정반대의 현상이 벌어질 수 있음을 염두에 두어야 한다. 아이의 실력과 기질에 따라서 오히려 상반에 소속됨으로써 공부에 대한 커다란 압박감을 느끼거나 학업에 대한 자신감을 상실할 수도 있다. 같은 맥락에서 자녀가 하반에 들어가게 되었다고 해서 낙담할 필요가 없다. 그동안 어떤 집단에서도 공부 실력으로 인정받지 못했다 하더라도 해당 그룹에서 인정을 받기 시작하면 그것이 계기가 되어서 아이가 공부에 흥미를 가지고 좋은 성취도를 보일 가능성도 있다. 즉, 아이가 어느 반에 편성되었느냐보다는 자신이 소속된 집단에서 20% 안에 드는지 여부가 훨씬 더 중요하다.

고등학교 우등생 중 어릴 때부터 공부 잘한 아이는 20%뿐

필자는 한때 6학년 담임을 꽤 오랫동안 했다. 초등학교 상급 학년 담임을 오래 하다 보면, 자연스레 아이들의 중·고등학교 진학 과정은 물론이고, 대학 진학 소식까지도 접하게 된다. 필자의 경험에 따르면 초등학교 시절 공부를 잘하던 아이가 상급 학교에 진학해서도 계속 좋은 성적을 유지하는 비율은 생각보다 그리 높지 않았다. 어릴 때부터 공부에 두각을 보이던 아이가 이후에도 쭉 좋은 성적을 유지하는 경우도 물론 있다. 여기에서 내가 힘주어 말하고 싶은 것은, 초등학교 때에는 공부에 큰 소질을 보이지 않던 아이였지만 시간이 흘러 공부를 잘하는 아이로 성장할 수 있다는 사실이다.

우리가 목격할 수 있는 것은 당장 내 눈앞에 펼쳐지는 현실뿐이기에 우리는 지금 공부 잘하는 아이가 앞으로도 계속 잘할 것 같고, 지금 공부 못하는 아이는 앞으로도 쭉 못할 것만 같다고 여긴다. 그러나 절대 그렇지 않다. 부자들의 예를 들어보자. 창업심리학 전문가인 라파엘 배지아그^{Rafael Badziag}는 저서 『억만장자 시크릿』에서 전 세계 억만장자 중 70% 이상이 자수성가한 자산가이며, 짐작과는 달리 북미보다 아시아에 억만장자가 더 많다고 이야기했다.

공부도 마찬가지이다. 대학 입학을 1년 남짓 앞둔 고등학교 3학년 생들 중 우등생들을 살펴보면 초등학교 때부터 줄곧 공부를 잘하던 아이들은 20% 남짓에 불과하다고 한다. 나머지 80%는 한때 공부에 두각을 드러내지 못했지만 어떤 계기를 만나서 우등생 반열에 든 학생들이었다. 그러하니 우리 아이가 지금 공부를 좀 하는 편이라고 자만할 필요도 없고, 그 반대의 경우라고 해서 염려하지 않아도 괜찮다. 언젠가는 잘할 수 있으리라는 믿음으로 아이를 지켜봐주면서 아이의 학습 속도에 맞춰 천천히, 그러나 꾸준히 준비를 시켜나가면 된다.

과목의 20%가 나머지 과목에까지 영향을 준다

당장의 실력과는 관계없이, 아이가 공부에 대해 얼마만큼의 자신감을 갖고 있는지 여부는 향후 학업 성취도를 좌우하는 매우 중요한 요소이다. '내가 안 해서 그렇지 한번 마음먹고 하면 잘할 수 있다'라는 자신감을 가진 아이와 '나는 아무리 해도 안 돼' 하는 마음을 가진 아이는 학업 성취도에서 천지 차이가 난다. 그런데 공부에 대한 근거 있는 자신감을 가지기 위해서는 반드시 잘하는 과목 한두 개는 있어야 한다. '내가 이 과목들만큼은 잘할 수 있다' 하는 과목이 있으면 전체적인 성적은 그리 탁월하지 않아도 기죽지 않고 공부에 흥미를 잃지 않는 경우를 자주 본다.

4학년 담임을 할 때의 일이다. 진우는 수학은 굉장히 잘했지만 다른 과목들 성적은 영 시원치 않았다. 심지어 4학년인데도 불구하고 받아쓰기 성적이 50점을 넘지 않는 일도 예사였다. 받아쓰기 시험을 치른 어느 날이었다. 그날 진우의 받아쓰기 점수는 40점이었다. 채점을 마친 받아쓰기 공책을 나눠주는데, 학급에서 공부 잘하는 한 친구가 진우에게 대뜸 한마디 던졌다.

"너는 어떻게 4학년이 받아쓰기를 40점 받니?"

이 말을 들은 진우의 대답은 인상적이었다.

"아이고! 자기는 나보다 수학도 못하면서⋯⋯."

진우가 받아쓰기 점수를 40점 받고서도 기죽지 않는 이유는 자신이 남보다 확실하게 잘하는 과목이 있었기 때문이다. 잘하는 과목을 통해 생긴 공부 자신감은 다른 과목의 학습에도 긍정적인 영향을 끼친다. 못하는 과목도 자신감을 가지고 요령을 터득하면 잘할 수 있게 된다. 부모가 자녀가 못하는 과목을 두고 혼내기보다는 잘하고 좋아하는 과목에 주목해서 칭찬해주면 아이의 공부 자신감을 향상시키는 데에 큰 도움이 된다.

시험 문제 20%가
성적을 결정한다

어느 시험에나 대다수 수험생들을 나가떨어지게 만드는 소위 '킬러 문항'이 존재한다. 수능 수학의 경우 29번, 30번 문제가 그렇다. 이 문항은 95% 정도의 학생들이 틀린다고 한다. 배점도 4점으로, 쉬운 문제를 맞혔을 때 얻는 점수의 두 배이다. 이 문제를 맞히느냐 틀리느냐에 따라 수학 등급이 결정되곤 한다.

킬러 문항은 초등학교 시험에도 존재한다. 초등학교 지필 평가의 경우, 보통 25문제가 출제된다. 25문제 중에 20문제 정도는 대부분의 아이들이 풀 수 있는 문제를 출제하지만, 5문제 정도는 변별력을 위해서 조금 더 난이도가 높은 문제를 출제하는 것이 보통이다. 공부를 못하는 아이들과 잘하는 아이들이 여기에서 갈린다. 공부를 잘하는 아이들은 어려운 문제를 좀처럼 틀리지 않는다. 그렇기 때문에 중위권이나 하위권 그룹 학생들의 성적은 시험을 치를 때마다 들쭉날쭉 널뛰기를 하지만, 반에서 5등 안에 드는 상위 20% 학생들의 성적은 거의 변함이 없다. 반에서 30등 하던 아이가 10등으로 올라가는 것은 쉽지만, 10등 하던 아이가 5등으로 올라가는 것은 어렵다.

시험을 치른 경험이 적은 아이들은 시험에 킬러 문항들이 존재한다는 사실조차 잘 모른다. 또한 어려운 문제는 대개 시험지의 앞부분보다는 뒷부분에 많이 배치되어 있다. 시험을 보기 전에 아이가 이러한 사실을 미리 알고 있으면, 실전에서 당황하지 않고 잘 대처할 수 있게 된다. 따라서 자녀가 시험을 앞두고 있다면 이렇게 이야기해주면서 격려해주자.

"시험을 볼 때 모르는 문제가 몇 개 나올 수 있는데, 그 문제는 ○○에게만 어려운 게 아니라 다른 아이들에게도 어려운 문제일 테니까, 부디 떨지 말고 차분하게 잘 치르고 오렴."

수업 시간 20% 동안
80%의 내용을 공부한다

초등학생들이 집중력을 발휘할 수 있는 시간은 매우 짧다. 어른들도 1시간 이상 한자리에 앉아서 무언가에 집중하는 일이 쉽지 않으니, 아이들은 말할 것도 없다. 평균적으로 초등학교 저학년 아이들이 집중할 수 있는 시간은 10분 남짓에 불과하다. 초등학교 고학년이라고 하더라도 30분을 넘기기 힘들다. 이런 아이들에게 책상에 두세 시간씩 앉아서 공부하라고 강요하는 것은 지혜롭지 못한 행동이다.

아이들이 책상에 1시간을 앉아 있었다면, 실제로 집중해서 공부한 시간은 10~15분 남짓임을 기억하자. 더불어서 그 시간에 아이가 공부해야 할 내용의 80% 정도를 학습한다는 사실도 잊지 말자. 그 외의 나머지 시간은 그냥 흘러가는 시간일 확률이 매우 높다. 따라서 초등학생 자녀의 효율적인 공부를 위해서는 무조건 책상에 오래 앉아 있게 하기보다는 짧은 시간이라 할지라도 집중력을 발휘해서 밀도 있게 학습하는 습관을 들이는 편이 더 낫다. 짧게 집중해서 공부하고, 길게 쉬거나 노는 것이 초등학생들에게 맞춤한 현명한 공부법이다.

또한 아이마다 하루 중 가장 공부가 잘되는 시간이 다르다. 어떤 아이는 아침에 공부가 잘되는가 하면, 저녁이나 밤에 공부가 더 잘되는 아이도 있다. 공부가 잘되는 시간에 공부했을 때의 효율은 그렇지 못한 시간에 하는 공부와 비교할 수 없다. 따라서 우리 아이의 집중력이 최적화되는 시간을 찾아낼 필요가 있다. 집중이 잘되는 시간은 하루 활동 시간의 20%를 넘기지 못하지만, 이 시간에 집중해서 공부하면 하루 동안 해야 하는 공부 분량의 80% 이상을 능히 해낼 수 있다. 같은 맥락에서 주말이나 방학처럼 통으로 시간을 낼 수 있어 집중이 잘되는 시기에 수학처럼 집중력이 필요한 과목을 공부하는 것도 좋은 학습 전략이다.

07

공부 가성비의 법칙

공부에도
가성비가 중요하다

학교 현장을 살펴보면 공부를 포기한 극소수의 아이들을 제외하고는 모두들 나름대로 열심히 공부한다. 꼴찌에 가까운 아이들은 공부도 안 하고 공부 스트레스도 전혀 받지 않을 것이라고 생각되지만 실제로는 그렇지 않다. 뒤에서 5등 하는 아이도 앞에서 5등 하는 아이만큼이나 열심히 공부하고 공부 스트레스도 심하다. 그렇다면 같은 노력을 하지만 어떤 아이는 좋은 성적을 받고 어떤 아이는 그렇지 못한 이유는 무엇일까? 나는 이런 결과가 '효율성'의 문제라고 생각한다.

요즘 말로 쉽게 이야기하자면 '공부 가성비'의 문제라고도 할 수 있겠다. 같은 시간을 공부하고서 좋은 성적을 거두는 아이는 공부 가성비가 좋은 셈이고, 반대의 경우는 공부 가성비가 떨어지는 것이다. 공부 가성비를 높이지 않으면, 즉 공부의 효율성을 높이지 않으면 똑같은 시간 동안 공부하고서도 누구는 명문대를 가고, 누구는 무명대를 가는 일이 벌어진다. 너무 억울하지 않은가?

아이들은 쉬기 위해 공부하는 존재이다

"선생님, 왜 공부 시간은 40분이고 쉬는 시간은 10분이에요? 바꾸면 안 돼요?"

1학년 아이들을 가르칠 때 한 남자아이가 나에게 진지하게 물어왔다. 아이의 관점이 새로워서 적잖게 놀랐던 질문이었다. 어른의 입장에서 나는 쉬는 시간은 그저 공부를 잘하기 위해 숨을 돌리는 시간이므로 짧은 것이 당연하다고만 여겼다. 쉬는 시간이 왜 10분인지 애당초 의문을 품지도 않았다. 하지만 아이들의 생각은 정반대였다.

여기서 질문을 하나 던져보겠다. 우리는 일하기 위해 쉬는 것일까, 쉬기 위해 일하는 것일까? 간단해 보이지만 굉장히 철학적인 질문이다. 이 질문을 아이들에게 적용해보자. 아이들은 공부하기 위해 쉬는 것일까, 쉬기 위해 공부하는 것일까? 교사인 내가 보기에 대부분의 아이들은 쉬기 위해 공부한다. 쉬는 시간이 끝났음을 알리는 종이 울리면, 아이들이 하나둘 교실로 들어오기 시작한다. 하지만 5분이 지나도록 교실에 들어오지 않는 아이들도 있다. 이런 아이들이 수업 종료를 알리는 종이 울리면, 종이 치자마자 용수철 튀어 오르듯 자리를 박차고 교실을 뛰쳐나간다. 이런 상황에서 교사가 수업을 조금 더 하자고 했다가는 공공의 적이 될 것을 각오해야 한다.

아이들에게 휴식은 정말 중요하다. 휴식 시간은 아이들의 공부에 대한 열정과 흥미를 지속시켜줄 수 있는 마법과 같은 시간이다. 아이들이 쉬기 위해 공부하는 존재라는 사실을 인정하면, 학습 계획을 무리하게 세우지 않게 된다. 오랜 교사 생활의 경험에 따르면, 초등학생들을 1시간 이상 책상에 앉아 공부하도록 시키는 것은 무모한 짓이다. 정말 특별한 아이가 아니라면 일반적인 초등학생의 집중 시간은 1시간 이상을 넘지 않는다. 초등학생의 학습 시간은 30분 정도가 가장 적당하다. '30분 공부+10분 휴식'의 반복이 가장 좋다. 공부 시간 사이의 휴식 시간은 너무 길지 않아야 한다. 휴식 시간은 놀이 시간과 구분되어야 한다. 휴식 시간이 너무 길면 공부에 집중하느라 긴장했던 뇌가 너무 많이 이완되어버려서 다시 집중 상태로 끌어올리는 데에 시간이 오래 걸리기 때문이다.

교차 학습은 지루함을 제거하고 집중력을 높여준다

교차 학습이란 학습 내용을 적절하게 바꿔가면서 공부하는 것을 뜻한다. 예를 들어 매일 저녁 2시간씩 공부한다고 치자. 이때 한 과목만 연속으로 2시간 공부하지 않고, '수학 1시간+영어 1시간' 공부하는 방식을 말한다. 아무리 흥미로운 일이라도 오래 붙잡고 있다 보면 싫증 나기 마련이다. 어른도 그러할진대 아이들은 더욱 그렇다. 이 지루함을 잘 다스려야 공부를 잘할 수 있다. 교차 학습은 아이들의 집중력을 향상시켜줄 수 있는 좋은 해결책이다.

우리 뇌는 비슷한 정보가 계속해서 들어오면 서로 '간섭'이 심해져서 기억하는 데에 어려움을 겪는다. 이를 심리학에서는 '유사 억제'라고 한다. 즉, 유사하거나 비슷한 정보들이 많이 유입되면 이 정보들이 서로 뒤엉켜서 기억을 방해한다는 것이다. 따라서 학습 효율을 높이기 위해서는 같은 과목을 오랫동안 붙잡고 있지 말고, 수학을 한 단원 공부했다면 그다음에는 영어를 한 단원 공부하는 식으로 학습 시간표를 구성해야 한다. 예를 들어 매일 저녁 공부하는 4학년 학생의 시간표를 교차 학습법으로 편성한다면 다음과 같이 구성할 수 있겠다.

- 월요일: [수학 20분, 영어 20분] + 과학 20분
- 화요일: [수학 20분, 영어 20분] + 사회 20분

- 수요일: [수학 20분, 영어 20분] + 국어 20분
- 목요일: [수학 20분, 영어 20분] + 과학 20분
- 금요일: [수학 20분, 영어 20분] + 사회 20분
- 토요일: [수학 20분, 영어 20분] + 국어 20분

위의 시간표를 보면 짐작할 수 있겠지만, 교차 학습법으로 시간표 편성을 할 때의 대원칙은 두 가지이다. 첫째, 하루에 두세 과목을 배치하여 돌려가면서 공부한다. 둘째, 중요 과목은 매일 공부하되, 나머지 과목들은 중요도에 따라 배치한다. 각 과목의 공부가 끝난 뒤에는 10분씩 휴식 시간을 갖는 것을 권장한다.

각 과목의 공부 시간을 모두 합쳐도 겨우 1시간 정도밖에 되지 않기에, 공부의 절대량이 너무 부족한 것은 아닌지 염려될 수도 있다. 하지만 초등학생들의 집중력을 감안한다면 3, 4학년의 경우 이 정도 학습 시간도 충분하다. 여기에 숙제하는 시간, 일기 쓰는 시간, 독서하는 시간까지 포함하면 하루에 2시간 내외로 공부하는 셈인데, 이는 초등학생의 공부 시간으로 결코 적지 않다. 공부는 양보다 질이 우선임을 기억하자. 또한 아이의 집중력 정도나 학년 등을 고려하여 공부 시간을 평균보다 늘리거나, 줄이는 지혜가 필요하다.

집중 학습보다는
분산 학습을 활용하라

5학년 담임을 할 때의 일이다. 등교를 하는데 옆 반의 시윤이가 풀이 죽은 표정으로 학교에 들어섰다. 무슨 일이냐고 물었더니 시윤이 얼굴이 더 구겨진다.

"선생님, 저 어제 죽는 줄 알았어요."

"왜?"

"어제 저녁에 엄마한테 잡혀서 수학 공부만 3시간 했거든요."

"무슨 수학 공부를 그렇게 많이 했니?"

"학습지도 좀 밀렸고, 문제집 풀이도 밀렸고, 거기에 학원 숙제까지 겹쳤거든요……."

이렇게 벼락치기 하듯 공부하는 아이들은 시윤이뿐만이 아니다. 많은 아이들이 미루고 미루다가 발등에 불이 떨어지고 나서야 울며 겨자 먹기 하듯 공부를 하거나 숙제를 한다. 하지만 이런 식으로 공부하는 것은 결코 좋은 방법이 아니다. 집중 학습은 많은 인지심리학자들에 의해 밝혀진 탁월한 공부의 법칙과 원리를 무시하는 공부법이다.

집중 학습은 어떤 과제를 몰아서 집중적으로 단기간(하루)에 끝내는 학습을 의미한다. 분산 학습은 그 반대로 어떤 과제를 수일에 걸쳐서 나누어 공부하는 것이다. 예를 들어 일주일 동안 풀어야 하는 수학 문제집 분량이 총 14쪽인데, 이를 하루 동안 다 풀었다면 집중 학습을 한 것이고, 하루에 2쪽씩 나누어 풀었다면 분산 학습을 한 것이다. 학습 효과는 두말할 필요도 없이 분산 학습 쪽이 더 탁월하다. 초등학생 아이들의 특성에 더욱 적합한 학습 방법이기 때문이다.

아이들은 똑같은 패턴의 반복을 매우 싫어한다. 학교에서 시간표를 구성할 때 매 시간마다 다른 과목을 배치하는 까닭이다. 일주일 동안 수학 수업을 4시간 해야 한다고 해서, 하루에 수학 수업을 몰아서 해치우는 교사는 아무도 없다. 20여 년 동안 교사로 일하면서 경험한 바에 따르면 아이들은 체육 교과 외에 2시간 이상 같은 과목을 연달아 하는 것을 좋아하지 않았다.

분산 학습은 초등학생 아이들의 특성에도 적합할 뿐만 아니라, '공부의 감'을 유지하는 데에도 유리하다. 예를 들어 일주일 동안 영어 공부를 3시간 한다고 치자. 이때 영어 공부를 하루에 몰아서 3시간 동안 하고 나머지 날들에는 노는 것보다, 월요일부터 토요일까지 매일 30분씩 영어 공부를 하는 편이 영어의 감각을 유지하는 측면에서 훨씬 효과적이라는 것이다. '영어 공부를 하루 건너뛰면 영어 실력이 일주일 후퇴하는 것'이라는 세간의 말은 분산 학습의 효과를 잘 대변한다.

물론 집중 학습이 필요한 경우도 분명히 있다. 예들 들어 수학경시대회가 코앞으로 다가왔다면 시험 보기 전날에는 수학 집중 학습이 필요하다. 국어나 사회 단원 평가가 내일이라면 오늘은 당연히 국어나 사회를 집중 학습해야 한다. 이와 같이 집중 학습은 단기간에 효과를 내야 하는 분명한 목표가 존재할 때 유용하게 쓰일 수 있는 학습법이다.

과잉 학습은
득보다는 실이 많다

영어 단어를 외울 때, 머리에서는 더 이상 받아들일 수 없는데 억지로 욱여넣는다는 느낌으로 암기한 적이 한 번쯤 있을 것이다. 이런 식의 공부를 '과잉 학습'이라고 한다. 과잉 학습은 때때로 대단한 투지와 인내심을 가지고 공부하는 것처럼 보이지만, 학습 효율성을 생각한다면 사실 지양해야 하는 공부법이다.

A와 B 두 사람이 30분의 시간을 투자해서 30개의 영어 단어를 외운다고 하자. A는 5개가 끝내 잘 외워지지 않아서 외우기를 포기하고 공부를 10분 일찍 끝내고 일어섰다. 즉, 20분을 투자하여 총 25개의 단어를 외운 것이다. B 역시 A처럼 5개의 단어가 잘 외워지지 않았다. 그럼에도 불구하고 이를 악물고 끝까지 외우려고 애썼다. 그런 까닭에 공부 시간은 예상 시간보다 10분이 더 소요됐다. 즉, 40분을 투자하여 총 30개의 단어를 외운 셈이다. 자, 그렇다면 A와 B 중 누가 더 요령 있게 공부한 것일까? 정답은 A이다. B의 투지와 의지는 칭찬할 만하지만, 공부의 효율성 측면에서 과잉 학습을 했기 때문이다.

과잉 학습의 단점은 과잉 학습된 부분에 대한 기억력이 현격하게 떨어진다는 사실이다. B의 경우로 이야기하자면, 마지막에 이를 악물고 외웠던 5개의 단어를 그보다 앞서 수월하게 외웠던 25개의 단어보다 빨리 잊어버리게 되는 것이다. 차라리 A처럼 당장에 잘 외워지지 않는 단어는 제쳐두고 이후에 다시 외우는 편이 더 효율적이다.

과잉 학습을 경계해야 하는 까닭은 과잉 학습을 반복하다 보면 공부가 재미없고 징글징글한 일이라고 여기게 되기 때문이다. 안 그래도 힘든 공부인데, 굳이 효과도 없는 과잉 학습으로 공부에 대한 부정적인 인식을 가중시킬 필요는 없다.

과잉 학습이 이루어지는 시점은 그 누구보다 본인 스스로가 제일 잘 안다. 뒷목이 뻣뻣해지고, 눈이 아프고, 머리가 굳어지는 느낌이 들기 시작한다면 과잉 학습 단계에 접어든 것이다. 이때부터 하는 공부는 시간 대비 효과가 없다. 오히려 과감하게 공부를 내려놓고, 휴식을 취하는 편이 훨씬 좋다. 아이의 특성에 따라 과잉 학습이 시작되는 시점은 저마다 다르다. 그러나 평균적으로 초등학생은 고학년이라고 할지라도 1시간 이상 공부하면 과잉 학습이라고 볼 수 있다. 저학년의 경우 30분 이상 넘어가면 과잉 학습이라고 봐도 무방하다.

자투리 시간을
잘 활용하게 한다

우리말에서 '자투리'는 일정한 용도로 쓰고 남은 것을 이르는 단어이다. 자투리는 어떻게 활용하느냐에 따라서 쓰레기가 되기도, 예술 작품이 되기도 한다. 옷을 만들다가 남은 헝겊 자투리가 누군가에게는 별 쓸모없는 천 조각에 불과하지만, 누군가는 형형색색의 자투리 헝겊을 잇대어서 아름다운 조각보를 만들기도 한다.

시간도 마찬가지이다. 하루 24시간 중에는 수없이 많은 자투리 시간이 존재한다. 너무 짧아서 아무것도 할 수 없는 쓸모없는 시간처럼 여겨질 수도 있겠지만, 이런 자투리 시간을 잘 활용하면 예상 밖의 많은 일들을 해낼 수 있다. 시간은 누구에게나 24시간으로 공평하게 주어지는데, 어떤 사람들은 다른 사람들보다 훨씬 더 많은 일들을 성취해내곤 한다. 그 비결을 잘 살펴보면 자투리 시간도 그냥 흘려보내지 않고 알차게 활용한 덕분인 경우가 많다.

학교에서도 공부를 잘하는 아이들과 못하는 아이들을 비교하면 눈에 띄게 다른 점이 바로 자투리 시간을 대하는 모습이다. 공부를 잘하는 아이들은 자투리 시간을 허투루 쓰지 않고 그 시간에 자신이 해야 할 일을 꼭 해낸다. 반면에 공부를 못하는 아이들은 자투리 시간을 그냥 허비해버리곤 한다.

초등학교의 수업 시간은 40분이다. 그런데 수업을 하다 보면 끝자

락의 5분 정도는 자투리 시간으로 남곤 한다. 아이들마다 학습 수준과 학습 속도의 차이가 있기 때문에 이런 격차를 감안해서 교과 활동을 하다 보면, 이미 활동을 마친 아이들의 경우 10분 이상 자투리 시간이 생기기도 한다. 그런 경우 대부분의 교사들은 독서를 시킨다. 이때 공부를 잘하는 아이들은 집중해서 독서에 전념한다. 하지만 공부를 못하는 아이들은 짝꿍과 떠들거나 교실을 돌아다니면서 시간을 대충 때우고 다른 친구들을 방해하곤 한다.

6학년 아이들을 지도할 때 만난 학생의 이야기이다. 하진이는 영어를 굉장히 잘했는데, 그때까지 영어 학원을 다녀본 적이 한 번도 없다고 했다. 기특하기도 하고 신기하기도 해서 하진이가 어떻게 공부하는지 유심히 살펴보기도 하고 직접 물어보기도 했더니, 하진이의 공부법에는 특별한 점이 하나 있었다. 바로 '짬짬이 공부'를 했던 것이다. 하진이는 수업 시간에 자투리 시간이 나면 꼭 영어 책을 꺼내서 읽곤 했다. 그뿐만 아니라 지하철이나 버스를 타도 꼭 영어 책을 꺼내서 읽거나 단어를 외운다고 했다. 하진이는 이런 식으로 공부를 할 때 공부가 더 잘된다고 말했다. 하진이는 자투리 시간을 모아 아름다운 조각보를 만들 줄 아는 아이였다.

많은 시간이 주어진다고 무조건 많은 일을 해내는 것이 아니다. 오히려 토막 난 시간을 촘촘하게 잘 활용할 줄 아는 사람이 많은 일을 수월하게 해낸다. 아이에게 평소 자투리 시간의 소중함을 일깨워주자. 더불어서 자투리 시간이 났을 때 언제든 자신만의 공부를 할 수 있도록 준비시키자. 언제, 어디에서든 꺼내서 읽을 수 있는 책이나 단어장, 개념 원리 공책 등이 항상 준비되어 있다면 아이가 5분의 자투리 시간도 허투루 보내지 않을 것이다. 어려서부터 자투리 시간을 잘 활용하는 법을 배우면, 어른이 되어서도 자투리 시간을 잘 활용해서 큰일을 할 수 있는 사람으로 성장하리라고 믿는다.

08

유레카의 법칙

지적 희열을
경험하게 하라

'유레카Eureka'는 고대 그리스의 수학자 아르키메데스의 일화 덕분에 우리에게 매우 잘 알려진 단어이다. 어느 날, 왕은 아르키메데스를 불러 한 가지 명을 내렸다. 새로 만든 금관이 순금으로 만들어졌는지, 아니면 은이 섞였는지 알아내라는 분부였다. 단, 금관을 변형시키지 않고 알아내야만 했다. 눈으로만 보아서는 알 수 없는 노릇이었기에 아르키메데스는 왕의 궁금증을 어떻게 풀어야 할지 고민스러웠다.

그렇게 며칠을 골몰하던 아르키메데스는 우연히 목욕탕에서 문제의 실마리를 찾았다. 물이 가득 찬 목욕탕에 들어가자 탕 안의 물이 밖으로 흘러넘치는 모습에서 힌트를 얻어, 물속에 들어간 물체의 부피만큼 물이 흘러넘친다는 부력의 원리를 발견한 것이다. 왕의 궁금증을 해결할 방법을 찾은 아르키메데스는 "유레카!"라고 외치며 알몸으로 목욕탕을 뛰쳐나갔다고 한다. 오랫동안 전전긍긍하다가 문제를 풀 실마리를 찾은 그 순간, 그가 얼마나 큰 희열을 느꼈을지는 짐작조차 되지 않는다.

유레카는
지적 희열의 외침이다

아르키메데스가 외쳤던 '유레카'는 단순히 '알았다'라는 뜻 이상의 의미를 내포한다. 그냥 아는 것이 아니라, 고민을 거듭하여 '마침내 알아냈다'라는 의미에 가깝다. 아르키메데스는 왕이 내린 어려운 문제를 풀기 위해서 때와 장소를 가리지 않고 골몰했으리라. 거리를 걸으면서도, 밥을 먹으면서도, 잠자리에 누워서도 문제를 풀기 위한 방법을 찾는 데에 온 신경을 곤두세웠을 터이다. 그리고 이런 골몰의 과정이 있었기에 문제를 풀어낸 순간, 강력한 지적 희열을 맛보았으리라.

　모르던 것을 새롭게 알았을 때 깃드는 지적 희열은 생각보다 강렬한 감정이다. 쾌감의 강도는 자신이 그것을 위해 애쓴 시간과 정비례한다. 영어 숙어에서도 이런 표현이 있지 않은가. 'Easy come, easy go(쉽게 얻어진 것은 쉽게 사라진다).' 어렵고 힘든 과정을 통해 얻은 무언가는 평생의 기억으로 남는다.

유레카의 순간처럼 강력한 지적 희열을 경험해본 아이들이 공부도 잘한다. 수학 수업 시간을 예로 들어보겠다. 아이들에게 보다 깊은 생각이 필요한 어려운 수학 문제를 내주고, 5분 동안 풀어보라고 하면, 수학을 잘 못하는 아이들은 1, 2분 고민하는가 싶다가 이내 문제 풀기를 포기해버리고 만다. 그러고는 "선생님, 머리 아파요. 빨리 풀어주세요"라고 말한다. 반면에 수학을 좋아하고 잘하는 아이들은 5분이 지난 뒤 선생님과 함께 풀어보자고 이야기해도, "선생님, 잠깐만요. 왠지 풀 수 있을 것 같아요"라며 선생님이 문제를 대신 풀어주는 것을 사양한다. 스스로 고민해서 문제를 풀었을 때의 기쁨을 잘 아는 아이들이기 때문이다. 이런 아이들은 문제를 대하는 태도부터 남다르며, 도전을 통해 성취감을 맛보기를 희망한다.

유레카의 법칙이 가장 잘 드러나는 수학

어느 날, 4학년 아이들에게 수학을 사람이라고 생각하고 하고 싶은 말을 던져보라고 했더니 이런 대답들이 나왔다.

"수학아! 너는 너무 어렵고 재미없어. 맨날 너 때문에 엄마한테 혼나. 나는 너 때문에 머리가 아파. 한마디로 골치가 아파. 네가 조금 더

쉽고 재미있으면 나도 널 좋아하게 될 거야."

"어제 꿈에서도 수학 네가 나와서 나를 혼냈어. 내가 문제를 틀리면 점점 무섭게 변해서 내 잠을 설치게 했다고. 네 꿈을 꾸면 나는 너무나 무서워."

"수학아, 미안하지만 난 네가 이 세상에 있다는 자체가 싫단다. 그러니까 제발 사라져주렴. 그럼 네가 원하는 거 다 줄게."

많은 아이들이 이처럼 수학에 대해 부정적인 감정을 갖고 있다. 어쩌다가 수학이 아이들을 괴롭히고 힘들게 하는 존재가 되어버렸는지 모르겠다. 반면에 이렇게 말하는 아이들도 있었다.

"수학아! 나는 네가 좋아. 왜냐하면 너는 어렵기도 하지만 오랜 고민 끝에 문제의 답을 알아내면 아~~~~~주 기분이 좋기 때문이야."

"나는 네가 없어지면 세상이 없어질 것 같아. 수학아 나는 너 없이는 못 살겠어. 나는 재미있는 네가 좋아. 사랑해."

이렇게 이야기한 아이들은 두말할 것도 없이 수학을 매우 좋아하고 잘하는 아이들이었다. 이 아이들은 분명 수학 공부를 하면서 유레카의 순간을 많이 경험해본 아이들임에 분명하다. 그런데 많은 아이들이 수학 공부는 많이 하지만, 유레카 경험은 많이 하지 못한다. 수학 공부를 귀나 눈으로만 하기 때문이다.

학교 선생님이나 학원 강사가 문제를 풀어줄 때에는 아이 입장에서도 수학 문제를 다 파악한 느낌이 든다. 하지만 막상 시험에서는 틀리기 일쑤이다. 이유는 간단하다. 자기 스스로 고민해보면서 문제를 풀어보지 않았기 때문이다. 아이들과 수학 시험을 치르고 나서 채점을 하다 보면 종종 이런 말을 하는 것을 듣곤 한다. "어! 이 문제 어제 엄마랑 같이 풀어본 건데…", "어! 이 문제 어제 학원에서 선생님이 중요하다고 찍어준 문제인데…!" 그럼에도 불구하고 정작 스스로 문제를 풀지는 못한다.

수학을 잘하기 위해서는 다양한 형태의 문제를 많이 풀어보는 것도 중요하다. 수학 문제집에는 다양한 형태의 문제들이 가득하다. 아이에게 문제집을 풀게 한 후 채점을 마치고 곧장 틀린 문제를 풀어주는 부모들이 많은데, 이는 좋은 교수법이 아니다. 아이로 하여금 유레카의 경험을 할 기회를 빼앗기 때문이다. 틀린 문제가 있다면 왜 틀렸는지 알려주기 전에 반드시 아이 스스로 다시 풀어보게끔 해야 한다. 그렇게 한두 번 시도해도 문제를 푸는 방법을 잘 모를 경우, 힌트를 주고 다시 한 번 풀도록 한다. 이런 과정을 거쳐서 결국 최종적인 정답은 아이가 맞힐 수 있도록 하는 것이 좋다. 고생하면서 답을 찾은 문제는 이후에 절대 틀리지 않는다.

일상에서 유레카를
경험하게 하라

'줄탁동시啐啄同時'라는 사자성어가 있다. 병아리가 알을 깨고 나오기 위해서는 병아리가 안에서 알을 쪼는 동시에 어미 닭이 밖에서 알을 쪼아주며 서로 도와야 함을 뜻한다. 그런데 여기에서 간과하지 말아야 할 점이 하나 있다. 바로, 줄탁의 순서이다. 병아리가 안에서 어미 닭의 도움을 구하기 위해서 쪼는 '줄'이 어미 닭이 밖에서는 쪼는 '탁'보다 우선해야 한다는 사실이다. 지혜로운 어미 닭은 병아리가 부르지도 않았는데 밖에서 먼저 알을 쪼아대지 않는다. 만일 어미 닭이 먼저 알을 쪼아버리면 병아리는 미처 성장을 마치지 못한 채 알 밖으로 나오게 되어 이내 병에 걸려 죽고 말 것이다.

자녀를 키울 때에도 이 줄탁동시의 순서를 염두에 두도록 하자. 아이가 어떠한 도움도 요청하지 않았는데 도와주겠다고 무턱대고 개입하면 아이가 유레카의 순간을 맛보기 어렵다. 아이가 어떤 활동을 하든지 우선은 혼자 스스로 해낼 수 있도록 거리를 두고 무심한 듯 지켜보는 편이 좋다. 하나부터 열까지 옆에서 시중들 듯 무조건 아이를 도와주다 보면 아이는 자신의 온몸으로 세상을 경험할 기회를 놓치고 만다.

유레카의 경험을 하기 위해서는 아이가 꼭 혼자 공부하는 시간을 가져야 한다. 요즘 아이들의 공부량이 예전에 비해 월등히 많음에도 불구하고 학력 수준은 그에 못 미치는 이유는 바로 스스로 혼자 공부하는 시간이 부족하기 때문이다.

요즘 아이들은 그야말로 '다람쥐 쳇바퀴 돌 듯' 움직인다. 학교 수업을 마치면 잠시의 숨 돌릴 틈도 없이 바로 학원 서너 군데를 전전하다가 집으로 돌아온다. 집에서도 쉴 틈이 없다. 저녁 식사를 하고 나면 학교 숙제, 학원 숙제, 학습지, 과외 등을 하다가 하루를 마감한다. 그러나 잘 살펴보면 정작 혼자 공부하면서 배운 내용을 조용히 들여다보고 되새김질하는 시간은 그리 많지 않다. 아르키메데스처럼 하나의 문제에 골몰하면서 목욕탕에 몸을 담그고 고민하는 시간이 없는 것이다.

아이에게 유레카의 순간을 경험시켜주기 위해서는 반드시 스스로 공부할 시간을 충분히 확보해주자. 아이의 일과표가 학원이나 과외로 꽉 짜여 있다면 유레카의 경험을 할 기회가 거의 없다고 봐도 무방하다. 공부의 참맛은 스스로의 힘으로 깨칠 때 비로소 맛볼 수 있다.

09

조작 체험의 법칙
몸으로 배워야
오래 남는다

1학년 담임을 할 때, 한 번은 학교 폭력을 주제로 외부 전문 강사가 수업을 진행한 적이 있다. 수업이 다 끝나고 나서 강사는 힘든 표정을 지으면서 이렇게 말했다.

"선생님, 애들이 잠시도 가만히 있질 못하네요. 이런 애들을 데리고 어떻게 하루 종일 지내세요? 너무 힘드시겠어요."

초등학생들은 아무리 명강사가 강연을 한다고 해도 집중하며 듣는 시간이 30분을 넘지 못한다. 저학년들은 5분도 길다. 아무리 집중을 시켜보려고 해도 말로는 한계가 있다. 하지만 조작 활동을 할 때에는 이야기가 달라진다. 조작 활동 시간에는 평소에 산만했던 아이들도 딴청을 피우지 않고 모두 집중한다.

1학년 아이들에게 수 세기를 가르칠 때의 일이다. 대부분의 아이들은 이미 초등학교 입학 전에 숫자를 50 정도까지는 셀 줄 알고 들어온다. 이미 아는 내용을 또 배우는 것은 아이들에게도 고역이지만, 가르치는 교사도 그에 못지않게 힘들다. 고민 끝에 수 세기를 할 줄 아는 아이들에게 바둑돌을 10개씩 나눠주고는 바둑돌 개수 맞추기 놀이를 시켰다. 그랬더니 아이들이 환호성을 지르며 놀이에 열중하기 시작했다. 여기저기에서 "하나, 둘, 셋, 넷…" 하며 바둑돌을 세는 소리가 들려왔다. 수업 시간이 끝나서 바둑돌을 다시 돌려달라고 했더니 어떤 아이는 "선생님, 너무 재밌는데 다음 시간에 또 하면 안 돼요?"라고 말하기도 했다. 지겹던 수학 시간이 조작 활동 덕분에 아주 재미있는 시간으로 변한 것이다.

초등학생들은
구체적 조작기에 있다

인간의 인지 발달 이론에 있어서 지금까지도 가장 큰 영향력을 발휘하는 이론으로 장 피아제Jean Piaget의 인지 발달 이론을 들 수 있다. 피아제에 따르면 인간의 인지 발달은 자연적인 성숙과 환경의 상호작용에 의해 발달하는데, 다음의 4단계를 순서대로 거친다고 한다.

인지 발달 단계	발달 단계별 특성
감각 운동기 (0~2세)	새로운 정보를 얻기 위해 자신의 감각을 사용하고, 새로운 경험을 위해 운동 능력을 사용하고자 애쓴다.
전조작기 (3~6세)	감각 동작적인 행동에만 의존하던 것을 차츰 습득한 언어로 대치하는 시기로, 언어 이외의 다양한 상징적 능력도 발달한다. 이 시기에는 감각을 통해 느끼고 생각하는 직관적 사고와 죽은 생명체도 마치 살아 있는 것처럼 생각하는 물활론적 사고를 한다. 또한 자기중심적 사고가 강하고 원래의 상태로 되돌려 생각할 수 없는 비가역적 사고의 특징도 나타난다. 현실과 꿈을 잘 구분하지 못하기도 한다.
구체적 조작기 (7~11세)	직접적인 경험을 통하여 인지를 획득하며 사고의 급격한 진전을 보이는 시기로 자기중심적 사고에서 벗어나며 보존 개념 등을 획득한다. 또한 도덕성에서 결과보다 동기가 중시됨을 깨달으며, 같은 개념의 단어들을 한 단어로 묶을 수 있는 유목화가 가능하다. • 보존 개념: 어떤 대상이나 사물의 외양(수, 양, 길이, 면적, 부피 등)이 바뀐다고 해도 그 속성이나 실체는 변하지 않는다는 사실을 이해하는 능력을 말한다. 200㎖의 우유를 큰 컵 하나에 담은 것과 세 개의 작은 컵에 나눠 담은 후 어느 쪽의 우유가 더 많은지 물어볼 경우, 전조작기에 있는 아이들은 세 개의 컵에 나눠 담은 것이 더 많다고 대답한다. 보존 개념과 가역적 사고가 발달하지 않았기 때문이다. • 도덕성: 예를 들어 엄마의 목숨이 위태로워서 병원비를 마련하기 위해 도둑질을 한 행동을 두고 가치판단을 하게 하면, 전조작기에 있는 아이들은 도둑질을 했으니까 나쁘다고 말하지만, 구체적 조작기에 충분히 들어선 아이들은 행위의 동기를 따질 줄 알기 때문에 그 도둑질이 꼭 나쁜 것만은 아니라는 대답을 할 수도 있다. • 유목화: 하위 개념을 상위 개념의 단어로 묶을 수 있는 능력을 말한다. 이를테면 '봄, 여름, 가을, 겨울'을 '계절'이라는 단어로 묶을 수 있는 능력이다.
형식적 조작기 (12세 이후)	직접적으로 경험하지 않아도 추상적으로 사고하고 추론을 통해 가설을 세워 검증할 수 있다. 여러 가지 가능성을 생각하고 가설을 세워 검증할 수 있는 조합적 사고도 할 수 있다. • 조합적 사고: 어떤 문제에 직면했을 때 이를 해결할 수 있는 다양한 방법을 논리적으로 궁리해서 바람직한 문제해결에 이르는 사고를 말한다.

피아제는 아이가 자라면서 인지 발달의 4단계를 순서대로 거치게 되며, 이러한 발달 단계는 지역과 문화에 관계없이 모든 인간에게 적용된다고 주장했다. 다만 그 발달 속도는 개개의 아동들마다 약간의 차이가 있을 수도 있다고 했다.

피아제의 인지 발달 이론에 근거하면 초등학생 시절은 구체적 조작기에 해당한다. 구체적 조작기의 아이들은 추상적 사고가 잘되지 않고, 직접적인 경험이나 조작에 의해서만 인지를 획득할 수 있다. 따라서 이 시기의 아이들은 직접적인 경험이나 조작 활동을 통하지 않으면 제대로 학습할 수 없다.

한 가지 경험은
한 가지 지혜를 자라게 한다

우리는 흔히 머리를 싸매고 문제를 열심히 푸는 것만 공부라고 여긴다. 하지만 이것은 인간의 인지 발달 과정을 모르고 하는 큰 오해이다. 구체적 조작기를 보내는 초등학생들은 손으로 무엇인가를 만들어 보거나 몸으로 체험하는 것이 곧 공부이다. 직접 경험을 통해 책 속의 지식을 외부 환경과 유기적으로 연결하여 이해할 수 있으며, 더 나아가 추상적 사고의 기초를 다질 수 있다.

조작이나 경험을 통해 배우게 되면 깊이 깨닫게 된다. 6학년 아이들에게 부피 단위의 상호 관계를 가르칠 때의 일이다. 아이들에게 '1m³=1,000,000cm³'라고 말로 설명하니 대부분의 아이들이 눈만 껌뻑거렸다. 안 되겠다 싶어서 아이들에게 1cm³를 종이로 만들어보게 했다. 가로, 세로, 높이가 각각 1cm인 정육면체를 만들기란 결코 쉬운 일은 아니다. 어떤 아이는 다 만들고 나서 "선생님, 이거 완전히 제 코딱지만 한데요?"라고 말하며 웃었다. 그다음에는 모둠별로 1m³의 정육면체를 만들어보게 했다. 엄청 작은 정육면체를 만드는 일만큼 가로, 세로, 높이가 각각 1m인 정육면체를 만드는 일도 초등학생들에게는 무척 어려운 미션이다. 기특하게도 아이들은 모둠원들과 힘을 모아 거의 2시간에 걸쳐서 1m³의 정육면체를 완성해냈다. 모둠별로 작은 텐트가 하나씩 만들어진 셈이다. 활동 결과물을 두고 한 아이가 "1cm³ 하고 1m³하고 이렇게 다른 거였어요?" 하며 놀라워했다. 조작 활동을 통해 아이들은 비로소 1cm³와 1m³가 백만 배 차이가 난다는 사실을 몸으로 깨달았다. 이렇게 배운 지식은 평생 기억에 남는다. 『명심보감明心寶鑑』「성심편省心篇」에는 다음과 같은 구절이 나온다.

不經一事 不長一智

불경일사 부장일지

→ 한 가지 일을 겪지 않으면, 한 가지 지혜가 자라지 않는다.

이 구절은 직접 경험의 중요성을 이야기한다. 실패도 중요한 경험

중 하나이다. 실패 경험은 가급적 하지 않는 것이 좋다고 생각하기 쉽다. 하지만 실패만큼 좋은 경험도 없다. 유대인들의 격언 중에 '실패라고 쓰고, 경험이라고 읽는다'라는 말이 있다. 나는 이 말이 유대인들의 지혜가 묻어나는 격언이라고 생각한다. 실패는 성공의 과정에서 누구나 겪는 경험일 뿐이다. 그러므로 아이가 실패를 경험했을 때에는 혼내지 말고, 격려해주는 것이 부모로서 사리에 맞는다.

다양한 경험은 각 교과 공부에 활력을 불러온다

방학이 끝나면 많이 하는 활동 중 하나가 방학 중 했던 일 가운데에서 가장 기억에 남는 일을 친구들 앞에서 발표해보거나 그림으로 그려보는 식의 활동이다. 그런데 이 활동을 하다 보면 유독 울상을 짓는 아이들이 보이곤 한다. 기억에 남는 일이 하나도 없다는 이유 때문이다. 그래서 방학 중에 무엇을 했냐고 물으면, 여행도 한 번 가지 않고 집에만 있었다고 말하곤 한다. 신나는 방학 동안 이 아이들은 아무런 경험도 하지 못하고 죽은 시간을 보낸 셈이다. 너무 익숙한 일상은 뇌를 자극하지 못한다. 낯선 체험을 해보지 않은 아이들의 머리와 입은 닫히기 마련이다.

아이들에게 일기를 써오라고 해도 비슷한 일이 벌어진다. 쓸거리가 없다는 하소연을 줄곧 한다. 물론 글을 잘 쓰는 아이들은 똑같이 반복되는 일상 속에서도 하나의 주제를 잘 잡아내어 일기를 잘 써내곤 한다. 하지만 그런 경우는 특별한 케이스이며, 대다수의 아이들이 반복되는 일상을 주제로 일기 쓰기를 힘겨워한다. 그러나 색다른 체험을 하고 난 다음에는 다르다. 현장학습을 다녀왔거나 수업 중에 체험 활동이나 조작 활동 등을 한 날에는 아이들이 일기 쓰기를 어려워하지 않는다. 쓸거리가 있어서이다. 평소에는 소재의 부재로 일기 쓰기를 어려워했던 아이들도 이런 날에는 어떤 활동을 했는지, 어떻게 했는지, 활동을 하고 난 후의 느낌은 어땠는지를 곧잘 쓴다.

특히 사회는 다양한 체험이 중요하게 작용한다. 사회를 가르치다 보면 현장학습을 많이 다녀본 아이들이 배경지식도 많을 뿐만 아니라, 과목 자체에 대한 호기심이 높은 것을 발견하게 된다. 같은 내용을 가르쳐도 본인이 직접 가서 보거나 체험한 기억이 있으면 수업을 할 때의 집중도가 확실히 다르다. 4학년 아이들은 사회 수업 시간에 시청이나 시의회 등에서 하는 일을 배우는데, 실제로 시청이나 시의회에 견학을 가본 아이들이 수업에 더 큰 집중력을 보였다.

체험학습과 관련하여 웃지 못할 에피소드가 생각난다. 4학년 사회 시험 문제로 '박물관의 종류에는 여러 가지가 있다. 한 가지 예를 들고 그 박물관에서 하는 일을 50자 내외로 써보시오'라는 문제를 출제한 적이 있다. 채점을 해보니 반 아이들의 대다수가 농업박물관을 답으로 써냈다. 처음에는 이런 편중된 결과를 이해할 수 없었다. 김치박물관, 석탄박물관, 고인쇄박물관, 철도박물관, 한옥박물관 등 여러 박물관들이 존재하는데 하나같이 농업박물관을 답으로 써낸 것이 신기했다. 그런데 가만히 생각해보니 몇 달 전에 현장학습으로 농업박물관을 다녀왔던 것이 기억났다. 아이들 입장에서는 직접 가서 체험해본 바가 있으니 생각나는 것도 많고, 쓸거리도 많았던 것이다. 이 일을 통해 교사로서 체험이 주는 위력을 실감했다.

수업을 듣기 전, 교과서에서 언급되는 장소를 직접 가보거나 해당 활동을 직접 체험하는 것은 아이의 머릿속에 사전 지식을 형성시켜주는 가장 강력한 방법이다. 사전에 실물 교육이 되어 있으므로 학습 효과는 높을 수밖에 없다. 방학이나 주말 등을 이용하여 아이와 함께 다양한 체험 활동을 하면 아이의 공부에 대한 흥미와 이해도를 높이는 데 큰 도움이 될 것이다. 요즘은 '가정체험학습'이라고 해서 아이들의 현장체험을 장려하는 좋은 제도가 일선 초등학교에서 시행 중이다. 가정체험학습은 학교에 출석하지 않고 부모와 함께 국내나 국외로 정해진 일수 동안 체험학습을 하고 오면 출석한 것으로 인정해주는 제도이다.

공부는 책 속에 적힌 지식을 단순히 암기하는 행위가 아니다. 아이가 생활 속에서 직접 체험을 하며, 세상의 이치를 스스로 발견할 때 아이가 느끼는 지적 쾌감은 배가된다. 초등학생 시절에는 그 어느 때보다 다양한 경험이 배경지식으로 차곡차곡 쌓이기 때문에 많이 보고, 듣고, 체험해보는 것이 그 어떤 공부보다 중요하다.

다양한 현장체험학습을 경험하게 하라

현장체험학습이란 사회현상이 구체적으로 드러나는 현장에서 견학, 면접, 조사, 관찰 등의 실제적인 활동을 수행하는 학습 방법이라고 할 수 있다. 현장체험학습은 아이에게 학습에 대한 흥미와 호기심을 일으킬 수 있는 방법임이 분명하다. 그러나 치밀한 계획을 세우지 못할 경우 자칫 야외 나들이로 끝날 확률이 높다. 따라서 자녀와 함께 현장체험학습을 하고자 한다면 현장체험학습의 목적이 무엇인지, 무엇을 어떻게 보고, 듣고, 묻고, 기록할 것인지, 다녀와서는 체험한 내용을 어떻게 정리할 것인지 세부 계획을 잘 세워야 한다.

박물관

박물관을 흔히 '창의력과 상상력의 보물 창고'라고 말한다. 박물관에 전시된 유물들은 과거의 산물이지만 관람자는 현재의 관점에서 그것을 보고 해석하기 때문이다. 국립박물관을 비롯해 민속박물관, 전쟁기념관, 독립기념관, 악기박물관, 인쇄박물관 등 전국에 산재한 박물관의 수는 헤아리기 어려울 만큼 많다. 박물관 방문만 잘 해도 사회나 과학 교과 공부에 큰 도움이 된다. 박물관 견학을 통해 아이의 상상력과 창의력을 키워주고 싶다면 몇 가지 유의할 사항이 있다.

먼저 유물을 보는 시각을 다양화할 필요가 있다. 예를 들어 아이와 함께 신석기시대를 대표하는 유물인 빗살무늬토기를 관람하고 있다고 치자. 우리는 빗살무늬토기를 그릇으로만 여기는 경우가 많다. 하지만 경제의 관점에서 본다면 빗살무늬토기는 상품이나 화폐로 바라볼 수도 있다. 과학의 관점에서 본다면 신석기인들이 빗살무늬토기를 몇 도의 불에서 구워냈는지 따져볼 수도 있다. 예술의 관점에서는 빗살무늬토기의 디자인에 대해서 아이와 이야기 나눌 수도 있다. 한 가지 유물을 두고서도 어떤 관점으로 보느냐에 따라 아이와 함께 나눌 수 있는 화제가 다양해진다. 자녀와 박물관에 전시된 유물을 볼 때, 그저 유물을 직접 보았다는 데에서 그칠 것이 아니라, 다양한 관점으로 살펴보고 아이와 생각을 나누는 과정이 필요하다.

박물관을 견학할 때에는 선택과 집중의 지혜도 필요하다. 박물관에 가면 모든 전시실을 다 섭렵해서 보고 나와야 한다는 강박이나 사명감은 버리자. 이런 마음을 먹으면 아이가 특정한 영역에 오래 머물러 관람하는 것을 두고 오히려 잔소리를 하기 쉽다. 대신, 박물관에 가기 전이나 박물관에 도착한 후에 집중적으로 보고 싶은 곳을 아이와 함께 상의하여 정하고 다양한 시각으로 유물을 관람하는 편이 부모도 아이도 즐거운 박물관 견학을 하는 지름길이다.

해설 도우미들의 도움을 받을 수 있다면 가급적 받는 것이 좋다. 요즘은 대부분의 박물관에서 해설 도우미가 전시 유물들에 대해 재미있으면서도 전문적인 설명을 해준다. 아이에게 전시 유물에 대한 설명을 해주고는 싶은데, 역사에 대해 해박한 지식을 갖추지 못해 아쉽다면 이런 해설 프로그램을 활용하는 것도 좋은 방법이다. 해설 프로그램은 박물관마다 운영하는 시간이 정해져 있고, 예약이 필요한 경우도 있으므로 박물관 홈페이지를 통해 정보를 확인하고 가는 편을 권장한다.

분류	장소
과학관	국립중앙과학관, 국립어린이과학관, 서울시립과학관, LG사이언스 홀(서울/부산), 능동어린이회관 과학관
식물	서울식물원, 국립생태원(서천), 창덕궁 후원, 국립수목원(포천), 국립산림박물관(포천), 여미지식물원(제주)
화석과 광물	서대문자연사박물관, 은암자연과학박물관(인천), 경희대학교 자연사박물관, 이화여자대학교 자연사박물관, 한국지질자원연구원 지질박물관(대전), 경보화석박물관(영덕), 민속자연사박물관(제주), 석탄박물관(보령/태백)
해양 생물	해양유물전시관(목포), 민속자연사박물관(제주), 세계해양생물전시관(부산)
소리와 빛, 통신	참소리축음기·에디슨박물관(강릉), 한국등잔박물관(용인), 국립국악원박물관, 국립등대박물관(포항), 충남전기통신박물관(대전), 동신대학교 카메라박물관(나주), 동강사진박물관(영월), 신영영화박물관(제주)
전통 과학기술	세종대왕기념관, 국립민속박물관, 고인쇄박물관(청주), 삼성출판박물관
교통	철도박물관(의왕), 삼성교통박물관(용인)
일과 연모	농업박물관, 국립민속박물관, 은평역사한옥박물관, 온양민속박물관, 진주태정민속박물관, 한국스키박물관(고성), 양구선사박물관, 전라남도농업박물관(영암)

역사 유적지

역사 유적지 답사는 그 어떤 현장체험학습보다 사전 준비가 중요하다. 아는 만큼 보이기 때문이다. 박물관 견학은 박물관에서 마련한 유물 설명 등을 통해 사전 준비가 없어도 어느 정도의 정보를 얻고 올 수 있지만, 역사 유적지 답사는 사전 준비가 없으면 그야말로 현장에 발만 찍고 오기 십상이다. 첨성대 답사를 예로 들어보자. 첨성대에 대한 사전 지식이 없는 채로 첨성대에 도착하면, 그저 허허벌판에 덩그러니 서 있는 석조건축물만 보고 오는 셈이다. 기대했던 것보다 역사 유적지의 크기가 작거나 보존 상태가 좋지 않으면 어린아이들의 경우 실망만 안고 돌아올 수도 있다.

따라서 역사 유적지를 답사하기 전에는 다양한 자료를 통해 사전 지식을 쌓고 가야 더욱 효과적인 답사가 될 수 있다. 아이와 함께 사전 공부를 하는 일이 여의치 않다면, 최소한 부모라도 사전 지식을 쌓고 가야 현장에서 아이에게 설명이 가능하다. 아는 만큼 보이고, 보이는 만큼 느끼고, 느끼는 만큼 생각할 수 있음을 잊지 말자.

10

오답 반복의 법칙

틀린 문제는
또 틀린다

6학년 아이들을 데리고 수학경시대회 준비를 위한 예비 시험을 치르며 경험한 일이다. 예비 시험은 한 번만 보지 않고 여러 차례에 걸쳐 보는데, 2차 예비 시험을 치를 때 나는 아이들에게 1차 예비 시험 때와 똑같은 시험지를 나눠주었다. 그랬더니 아이들이 내심 좋아하면서도 나에게 따지듯 이렇게 물었다.

"에이~ 선생님, 혹시 시험지 잘못 주신 것 아니에요? 어제랑 문제가 똑같아요!"

"너희들 점수 좋게 받으라고 어제와 똑같은 시험지 나눠준 건데?"

내 대답을 들은 아이들은 환호성을 지르면서 시험지를 풀기 시작했다. 나 역시 말은 그렇게 했지만 아이들이 모두 100점을 받으면 어

121

쩌나 싶어 약간의 걱정도 들었다. 그런데 막상 시험 결과를 살펴보니 내 걱정은 기우였다. 놀랍게도 2차 예비 시험 평균 점수는 1차 예비 시험 평균 점수와 크게 다르지 않았다. 석차도 거의 그대로였다. 왜 이런 일이 벌어진 것일까? 대부분의 아이들이 그 전날 틀린 문제를 또 틀렸기 때문이다. 한 번 풀어본 문제임에도 불구하고 같은 문제를 반복해서 틀린 것이다. 바로, 오답 반복의 법칙이다.

공부에도 '복기'가 필요하다

바둑 용어 중 '복기復期'라는 말이 있다. 복기는 대국이 끝난 후, 대국 내용을 두 대국자가 처음부터 끝까지 재연하는 일을 일컫는다. 이 과정을 통해 자신이나 상대방이 두었던 바둑 내용을 다시 한 번 되짚어보며 점검한다. 복기가 바둑 실력 향상에 도움이 될 수 있는 이유는 복기를 통해 자신의 실수를 발견하고, 상대방의 묘수를 배울 수 있기 때문이다. 사실 자신이 저지른 과거의 뼈아픈 실수를 들춰서 다시 들여다보는 일은 그다지 유쾌한 경험이 아니다. 많은 사람들이 복기를 싫어하는 이유이기도 하다. 하지만 곪은 곳은 도려내야 새살이 돋아나듯, 자신의 실수를 다시 한 번 곱씹어야 다음에는 같은 실수를 저지르지 않는다.

일반적으로 '공부를 잘한다'라는 말은 '시험을 잘 봐서 좋은 점수를 얻는다'라는 뜻으로 통용된다. 시험을 잘 치르기 위해서는 이전 시험에서 틀렸던 문제나 실수를 줄이는 것이 관건이다. 똑같은 문제를 계속 틀리거나 똑같은 실수를 반복한다면 결코 시험에서 좋은 결과를 얻을 수 없다. 따라서 시험이 끝나면 반드시 자신의 시험지를 다시 꼼꼼히 살펴보면서 '복기'해야만 한다. 그중에서도 틀린 문제를 유심히 살펴야 한다. 틀린 이유를 명확히 알고, 올바른 풀이 과정이 무엇인지 확실하게 알고 나면, 이후에 그와 똑같거나 유사한 문제가 나와도 틀리지 않을 수 있다.

시험을 보고 난 뒤뿐만이 아니라, 평소에 문제집을 풀고 나서도 오답을 복기하는 과정이 필요하다. 평소에 무조건 많은 문제를 푼다고 해서 좋은 성적이 보장되는 것은 아니다. 문제집을 열심히 푼 행동이 좋은 성적이라는 결과로 이어지려면, 문제를 풀면서 잘 이해가 되지 않았거나 자주 틀리는 문제가 무엇인지 잘 살펴봐야 한다. 문제집을 푸는 이유는 시험을 치르기 전에 취약한 부분이 무엇인지 파악하고 그에 대비하기 위함이라는 사실을 기억하자.

오답 공책의
필요성

오답 문제를 효과적으로 관리할 수 있는 방법 중 하나가 바로 '오답 공책'이다. 우등생치고 오답 공책을 활용하지 않는 아이는 드물다. 자기 나름의 오답 공책 필기 노하우를 가지고 있기도 하다. 하지만 공부를 못하는 아이들은 오답 공책이 무엇인지도 모른다. 알고 있다고 해도 제대로 활용할 줄 모른다.

오답 공책의 가장 큰 기능은 틀린 문제를 또 틀리지 않을 수 있게 해주는 것이다. 아이가 문제를 틀리는 이유는 여러 가지이다. 실수로 틀릴 수도 있고, 개념이나 원리를 몰라서 틀리기도 한다. 지문이나 도표 등을 보고 문제를 해석하는 능력이 부족해서 틀리는 경우도 있다. 이렇게 다양한 이유로 틀린 문제들을 모아서 오답 공책을 만들면 아이 스스로 자신이 잘 틀리는 문제의 유형은 무엇인지, 유난히 오답 확률이 높은 단원이 어디인지를 알게 된다. 자신의 약점을 객관적으로 파악하게 되는 셈이다. 시험에서 좋은 점수를 얻고 싶다면, 오답 공책을 통해 발견한 학습 약점들은 반드시 보완해야 한다. 오답 공책을 활용하면 오답률을 줄이는 데 큰 도움이 된다.

그뿐만 아니라 오답 공책은 효율적인 공부에도 큰 도움이 된다. 공부는 시간과의 싸움이다. 누구에게나 하루는 24시간으로 공평하게 주어진다. 이 시간을 얼마나 효율적으로 쓰는지에 따라 성적이 갈린다. 오답 공책은 공부 시간을 효율적으로 사용하도록 도와준다. 평소에 오답 공책을 성실하게 작성해두면 시험이 임박했을 때, 자신이 취약한 지점을 중심으로 공부할 수 있기 때문에 시간을 절약하는 데 매우 유용하다.

오답 공책
만들기

오답 공책을 만들 때, 다음과 같은 내용을 유념하면 좋다.

공책 준비하기

저학년의 경우에는 가급적 공책 한 권에 전체 교과를 담는 것이 좋다. 저학년은 오답 공책으로 정리할 내용도 적고, 아이가 어리기 때문에 과목별로 나누어 공책을 여러 권 만들면 관리를 잘 못하기 때문이다. 3학년 이상부터는 과목별로 오답 공책을 나누어 마련하는 편을 권장한다.

공책 구조화하기

오답 공책을 쓸 때에는 일정한 틀을 만들어 구조화하는 것이 좋다. 공책을 반으로 접어서 왼쪽에는 틀린 문제를 적고 오른쪽에는 정답을 쓴다든지, 공책 상단에는 틀린 문제를 적고 하단에는 정답을 쓰는 식으로 말이다. 공책의 구조화는 처음부터 잘하기가 어렵다. 처음에는 공책 필기를 잘하는 친구들의 오답 공책을 참고해서 만들도록 하고, 점차 아이만의 틀을 만들어가도록 지도하자. 시중에 나와 있는 오답 공책을 구입해서 사용하는 것도 방법이다.

틀린 문제를 오답 공책에 옮겨 적기

오답 공책을 필기하는 기본적인 방법은 문제집을 풀거나 시험을 보았을 때, 틀린 문제를 옮겨 적는 것이다. 이 단계가 오답 공책을 만드는 가장 중요한 단계이면서, 동시에 가장 힘든 단계이기도 하다. 이때 아이가 힘에 부쳐서 글씨를 대강 쓰지는 않는지 주의 깊게 살펴볼 필요가 있다.

적기 어려우면 오려서 붙이기

옮겨 적기 어려운 문제는 문제집이나 시험지에 인쇄된 문제를 가위로 오려서 붙이면 된다. 사실 그림이나 도표 등이 들어간 문제들은 옮겨 적기가 쉽지 않다. 이런 문제들은 옮겨 적는 데에 에너지를 쓰지 말고, 과감하게 문제를 오려서 오답 공책에 붙이는 방식을 취하자.

틀린 이유 써놓기

오답 공책에 꼭 적어두면 좋은 내용 중 하나는 '문제를 틀린 이유'

이다. 틀린 이유를 써놓으면 자신이 어떤 문제에서 어떤 이유로 계속 틀리는지를 발견할 수 있어서, 아이가 시험을 볼 때 실수를 줄이는 데 큰 도움이 된다. 아이가 틀린 이유를 구체적으로 기술하는 것을 번거로워한다면, 기호로 간단하게 표시해도 괜찮다. 이를테면 이런 식이다. '☆=몰라서 틀림, ◎=실수해서 틀림, △=문제 해석을 잘 못함, ※=주의할 점'.

오답도 같이 적어놓기

오답 공책에 틀린 문제를 적을 때, 처음의 오답을 적어두는 것이 좋다. 자신이 적은 오답을 보면서 왜 틀렸는지를 정확히 알게 되고, 자기반성을 할 수도 있다. 더불어서 문제를 풀 때 참고할 수 있는 교과서나 학습 전과의 단원명이나 페이지를 적어두면, 나중에 오답 공책으로 복습을 할 때 관련 자료를 찾는 시간을 절약할 수 있다.

문제에 나름의 코멘트 적어놓기

문제에 대해 자기 나름의 코멘트를 써두는 것도 좋다. 예를 들어 '이런 문제는 지문에 거의 정답이 있음', '이런 문제는 숫자만 바뀌어서 잘 나옴'과 같이 문제에 대한 자신의 견해를 적다 보면 단순히 문제를 푸는 입장이 아닌 출제자의 시선에서 문제를 바라볼 수 있게 된다.

오답 공책 예시

2019. 11. 18. 수학 단원 평가
난이도 상, (중), 하

◎ → 자기만이 아는 기호(실수해서 틀린 문제라는 의미)
어떤 수에 24를 더해야 하는데 잘못해서 뺐더니 48이 되었다.
옳게 계산하면 얼마입니까? → 문제
72 → 오답

☐-24=48에서 ☐=72가 되니까 72+24=96이 되고,
따라서 정답은 96 → 풀이 과정

문제를 잘못 읽어서 올바른 계산을 하지 않고, 어떤 수를 구하기만 했
음. 어떤 수 자체를 구하라는 문제도 나오지만, 이 문제처럼 어떤 수
를 우선 구한 다음에, 그것을 바탕으로 옳게 계산했을 때의 답을 적으
라는 문제도 있으니 주의 바람 → 문제에 대한 코멘트

관련 내용: 수학 교과서 38쪽, 『왕수학』 문제집 42쪽 → 문제와 관련
하여 참고할 자료

오답 공책 활용 시 주의할 점

오답 공책은 만드는 행위 자체보다 제대로 활용하는 것이 더 중요하다. 만들어놓고 활용하지 않는다면 그저 오답 공책을 만드는 데 시간과 에너지를 낭비한 셈이 되어버린다. 오답 공책을 잘 활용하기 위해서 다음의 몇 가지를 참고하자.

아이와 오답 공책의 필요성에 대해 충분히 공감하기

오답 공책은 효과적인 공부법 중 하나이긴 하지만, 기질이나 특성에 따라 어떤 아이에게는 맞지 않는 공부법일 수도 있다. 따라서 아이가 우선 오답 공책의 필요성에 대해 충분히 공감하는 것이 중요하다. 오답 공책을 활용하면 어떤 점이 좋은지 등에 대해 충분히 이해하고 시험을 치르면서 그 효과를 경험하게 되면 부모가 말하지 않아도 아이 스스로 오답 공책을 만들 것이다.

꼭 필요한 과목만 만들기

오답 공책을 국어, 수학, 사회, 과학, 영어 전 과목에 걸쳐 만들 수는 있다. 하지만 효용성을 따지자면 수학과 과학이 그 효과가 가장 좋다. 수학과 과학 같은 과목은 대부분 문제의 길이가 길지 않고, 문제를 풀기 위해 동원되는 개념이나 원리들이 딱딱 떨어지기 때문에 오답 공책을 만들기가 수월하고 그 효용 가치도 높다. 따라서 오답 공책을 처음 시작한다면 우선 수학과 과학으로 만들어볼 것을 추천한다.

반면에 국어, 영어, 사회는 수학이나 과학에 비해 오답 공책의 효용성이 떨어진다. 이 과목들은 대부분의 문제들이 긴 지문이나 자료들을 포함하고 있어서 문제를 적고 정리하는 데에 품이 많이 든다. 국어의 경우에는 과목 특성상 평소의 독서량이 성적을 좌우하는 경향이 커서 오답 공책이 틀린 문제를 바로잡는 데에 큰 효과를 발휘하지 못한다.

영어의 경우에는 잘 모르는 어휘나 숙어, 문법을 묻는 문제를 오답 공책으로 만들어 활용하면 좋다.

하위권 아이들은 문제를 선별해서 만들기

하위권 아이들의 경우, 틀린 문제를 모두 오답 공책을 만들려고 하다 보면 오히려 역효과가 난다. 오답 공책으로 만들어야 할 문제가 너무 많기 때문이다. 따라서 문제의 선별이 중요하다. 아이가 틀린 문제 중에서 너무 난이도가 높은 문제는 과감하게 건너뛰고, 아이가 조금만 노력하면 이해할 수 있는 문제들을 중심으로 오답 공책을 만드는 편이 바람직하다. 시험에서 맞힌 문제보다 틀린 문제가 더 많은 아이라면, 오답 공책을 만들기보다는 우선 기초적인 개념 원리부터 차근차근 다시 공부하는 편이 훨씬 낫다.

오답 공책 작성은 당일을 넘기지 않기

오답 공책은 시험이 끝난 직후 혹은 문제집을 푼 직후에 바로 작성해야 가장 효과적이다. 단원 평가와 같은 시험을 보았을 때에는 다음 날이 되기 전에 가급적 빨리 오답 공책을 만들어야, 틀린 문제를 왜 틀렸는지 기억해서 적어둘 수 있다. 틀린 이유를 제대로 알지 못하면 오답 공책의 효과가 반감된다. 시간이 흐를수록 오답 공책을 만들기 귀찮아지는 것은 인지상정이다.

시험 전에 집중적으로 활용하기

평소 만들어놓은 오답 공책을 활용하는 시기는 중간고사나 기말고사와 같은 중요한 시험을 일주일 정도 앞둔 시점부터이다. 물론 이 시점은 아이의 상황에 따라 다르다. 오답 공책에 적힌 내용이 많다면 기간을 조금 더 당겨서 일찍부터 들여다봐도 좋다.

오답 공책을 훑어보며 문제를 다시 푸는 과정에서 또 틀리는 문제가 있다면 꼭 표시해두어야 한다. 1차로 오답 공책을 훑어보았을 때에는 오답률이 높기 마련이다. 애당초 몰라서 틀린 문제였기 때문이다. 그러나 오답 공책 훑어보기를 두 번, 세 번 반복하며 문제를 다시 풀다 보면 오답률이 현격히 줄어들게 된다. 끝까지 오답이 나오는 문제는 시험 전날이나 시험 당일 아침에 한 번 더 반복해서 풀어보면 된다. 마지막까지 정 이해가 가지 않는 문제는 다소 극단적이긴 하지만, 문제 자체를 암기하고 시험에 임하는 방법도 있다.

11

약한 고리의 법칙

약점을 극복해야
강점이 부각된다

6학년 아이들을 지도할 때의 일이다. 수연이는 시험을 볼 때마다 항상 반에서 1, 2등을 다툴 정도로 공부를 썩 잘했다. 하지만 1등은 번번이 다른 남자아이가 차지했다. 수학 점수가 문제였다. 국어, 사회, 과학은 매번 거의 100점을 받았지만, 수학 점수는 90점 전후였다. 수학이 수연이의 평균 점수를 갉아먹는 주범이었다. 수연이도 수학 때문에 스트레스를 많이 받는 눈치였다. 보통 아이들에 비하면 수학 점수가 좋은 편이었지만, 최상위권 아이들과 비교했을 때에는 수학이 수연이의 약점으로 작용했던 것이다.

성적은 자신이 좋아하고 잘하는 과목에 의해 결정되기보다는 자신이 싫어하고 못하는 과목에서 판가름 나곤 한다. 일명 '약한 고리의 법칙'이다. 약한 고리의 법칙은 쇠사슬의 전체 강도를 결정하는 것은 강한 고리가 아니라 약한 고리라는 이론이다. 사슬 전체가 특수 합금으로 이루어져 있다고 하더라도 중간에 주석처럼 약한 재질로 만들어진 고리가 한 개라도 끼어 있으면 그 부분이 끊어지고 만다. 결국 약한 고리 한 개 때문에 특수 합금으로 만들어진 사슬 전체가 쓸모없어지는 것이다.

공부 최소율의 법칙

식물학에는 '리비히의 최소량의 법칙Liebig's law of minimum'이라는 이론이 있다. 독일의 화학자 유스투스 리비히Justus Liebig가 주장한 이론으로, 그에 따르면 '10대 필수 영양소(탄소, 산소, 수소, 질소, 인산, 유황, 칼륨, 칼슘, 마그네슘, 철) 중 식물의 성장을 좌우하는 요소는 넘치는 영양소가 아니라 가장 모자라는 영양소'라고 한다. 10대 영양소 중 한 가지라도 부족하면 다른 영양소가 제아무리 많이 공급되어도 식물은 제대로 자랄 수 없다. '최소율의 법칙'이라고도 많이 불린다.

공부에서도 최소율의 법칙이 적용된다. 10대 교과 중 아이의 성적을 좌우하는 과목은 잘하는 과목이 아니라 가장 못하는 과목이다. 10대 교과 즉 도덕, 국어, 수학, 사회, 과학, 영어, 음악, 미술, 체육, 실과 중 한두 과목을 잘 못하면, 다른 과목을 아무리 잘하더라도 평균을 냈을 때 좋은 성적을 얻을 수 없다. 일명 '공부 최소율의 법칙'이다. 앞서 소개한 약한 고리의 법칙과 유사하다.

대학 입시에서는 잘하는 부분에 집중해서 좋은 결과를 얻기도 한다. 하지만 이런 경우는 극히 드물다. 대부분의 경우, 내신 등급으로 대학 당락이 결정된다. 내신 등급이 좋으려면 한두 과목만 잘해서는 안 된다. 거의 전 과목을 두루두루 잘해야 전체 평균을 높일 수 있다. 팔방미인이 되어야 하는 것이다. 슬프기도 하고 버겁기도 하지만 아직까지는 현실이 그렇다. 공부 최소율의 법칙은 대한민국 교육 현실을 그대로 보여주는 법칙이라고 할 수 있다.

수학은 약한 고리가 가장 잘 드러나는 과목이다

수학을 흔히 '체인 과목Chain subject'이라고 부른다. 체인은 중간에 고리가 한 군데라도 끊어지면 제 역할을 할 수 없게 되는데, 수학 역시 학습 과정에서 어떤 개념을 잘 이해하지 못하면 그다음 단계로 넘어갈 수 없기 때문이다. 따라서 수학을 잘하기 위해서는 자신의 약한 고리가 무엇인지를 파악하고, 약한 고리를 강화시켜줘야 한다.

수학 문제만 보면 불안한 아이

시험에 대한 불안이나 걱정이 많아 시험에서 제 실력 발휘를 못하는 것을 '시험 불안'이라고 한다. 같은 맥락에서 다른 과목보다 유독 수학 시험을 볼 때 불안을 많이 느끼는 경우를 '수학 불안'이라고 부른다. 수학 불안이 있는 아이들은 수학 문제를 풀 때 지나치게 긴장감을 느끼며 이로 인해 아는 문제도 잘 풀지 못할 때가 많다. 연구에 따르면 아이들의 60% 정도가 수학 불안을 느낀다고 한다.

미국 플로리다대에서 이루어진 연구에 따르면 수학 불안이 심한 학생의 경우, 문제를 풀 때 사용할 수 있는 기억의 양이 불안 때문에 훨씬 줄어들고, 이 때문에 실수도 잦다고 한다. 수학 문제를 잘 풀기 위해서는 집중해서 문제를 읽고 이 문제가 무엇을 요구하는지, 어떻게 풀어야 하는지 등을 파악해 필요한 사실들을 기억해내야 한다. 하지만 수학 불안이 심한 아이들은 '시험을 못 보면 어떻게 하나'와 같은 쓸데없는 생각들이 끼어들어서 문제 풀이에 써야 할 기억 용량이 줄어든다는 것이다. 마치 책상에 잡다한 물건을 많이 늘어놓을수록 작업을 해야 할 공간이 줄어드는 것과 같은 이치이다.

시험 결과에 대한 부모의 과도한 질책은 수학 불안의 가장 큰 원인이다. 아이의 수학 점수를 두고 부모가 거세게 질책할수록 아이의 수학 불안도도 덩달아 높아짐을 기억하자. 수학 불안은 수학 공부를 기피하게 만들고, 이는 부진한 수학 성적으로 이어진다. 아이의 수학 불안을 잠재우기 위해서는 무엇보다 부모의 격려가 절실하다.

연산 실수가 잦은 아이

연산 실수는 아이의 집중력과 상관관계가 높다. 집중력이 짧은 저학년의 경우, 사소한 연산 실수를 고학년보다 많이 한다. 연산 실수를 줄이기 위해서는 연산 전에 어림셈을 하고 계산을 시작하는 것이 좋다. 예를 들어 '19×8'이라는 곱하기 문제를 풀 때, 처음부터 '19×8'로 계산하려고 들면 '872' 같은 얼토당토않은 답을 적어낼 수도 있다. 이 때 19의 자리에 10의 배수이면서도 19와 가까운 수인 20을 대체해서 넣고, '20×8'로 먼저 어림셈을 하면 '160'이라는 답을 얻을 수 있다. 그러면 '19×8'의 정답은 160 언저리의 숫자라고 짐작할 수 있게 되고, '872'처럼 애먼 답을 쓰지 않을 수 있다.

연산 실수를 줄이기 위해서는 검산하는 습관을 들이는 것이 좋다. 수학 시험지를 다 풀고 나서 시간이 많이 남았음에도 불구하고 검산을 절대 하지 않는 아이들이 있다. 검산하는 습관이 들지 않았기 때문이다. 수학을 잘하는 아이들은 시험지를 다 풀고 남는 시간에 자신이 푼 문제를 검산하느라 바쁘다.

연산 실수를 줄이는 데에는 연산 훈련만 한 것이 없다. 꾸준한 연산 훈련은 연산 속도뿐만 아니라 연산 실수를 현저히 줄이는 효과도 있다. 연산 실수가 잦은 아이들은 연산 훈련을 시킬 때 속도보다는 정확도에 초점을 맞춰 실시하면 더욱 효과를 볼 수 있다.

특정 단원을 유독 어려워하는 아이

수학은 영역별로 호불호가 갈리는 과목이다. 수학을 싫어하면서도 도형 영역만은 좋아하는 아이들이 있는가 하면, 수와 연산 영역은 좋아하면서도 도형 영역은 유난히 싫어하는 아이들이 있다.

영역별로 활성화되는 뇌의 부위가 다르기 때문이다. 좌뇌는 주로 사고와 추론을 담당하기 때문에 좌뇌가 발달한 아이들은 언어 분석력, 계산력 등이 뛰어나다. 따라서 수학의 여러 영역들 중에서도 수와 연산, 규칙성과 문제해결 영역을 선호한다.

반면에 우뇌는 주로 추상과 감각을 담당하기 때문에 우뇌가 발달한 아이들은 공간 인식 능력이나 직관력이 뛰어나다. 그래서 수학의 여러 영역들 가운데에서도 도형이나 측정 영역에서 두각을 드러낸다.

대다수 아이들은 좌뇌와 우뇌의 발달 정도가 현저하게 차이 나지 않기 때문에 수학 공부를 할 때에도 영역별로 차이가 크게 도드라지지 않는다. 하지만 간혹 영역별 차이가 많이 드러나는 아이도 있다. 이런 경우에는 못하는 영역을 두고 나무랄 것이 아니라, 아이의 특성을 이해하는 기회로 삼고, 못하는 부분은 격려해주고 잘하는 부분은 아낌없이 칭찬해줘야 한다.

서술형 문제에 유독 약한 아이

아이들 중에 수학의 서술형 문제라면 지긋지긋해하고 아예 문제 풀기를 포기하는 아이들이 있다. 이 아이들에게 무엇이 문제인지 물으면 대부분 문제 자체를 잘 모르겠다고 말한다. 서술형 문제를 어려워하는 아이들의 대다수는 어휘력이 낮은 편이다. 책을 많이 읽어서 어휘력이 높은 아이임에도 불구하고 수학의 서술형 문제를 어려워하는 아이가 있다면, 수학적 어휘력을 의심해볼 필요가 있다.

[문제]

오빠의 책가방 무게는 1.9kg이고, 영미의 책가방 무게는 1.3kg입니다. 오빠의 책가방 무게는 영미의 책가방 무게의 약 몇 배입니까? (몫을 반올림하여 소수 첫째 자리까지 나타내시오.)

이야기책을 많이 읽은 아이는 일상적 어휘 수준이 매우 높다. 하지만 이야기책을 많이 읽는다고 수학적 어휘력까지 덩달아 높아지는 것은 아니다. 앞의 예시 문제에서 '오빠', '영미', '책가방', '무게'와 같은 어휘들을 일상적 어휘라고 한다면, '1.9kg', '1.3kg', '몇 배', '몫', '반올림', '소수 첫째 자리'와 같은 어휘들은 수학적 어휘들이다. 일상적 어휘력이 낮은 문제는 이야기책을 많이 읽어 해결할 수 있지만, 수학적 어휘력 낮은 문제는 단순히 독서를 통해 해결할 수 없다. 수학적 어휘력이 부족한 아이들은 일단 수학적 어휘에 친숙해져야 한다. 또한 수학 개념 사전 등을 통해 수학적 어휘 하나하나에 대해 정확한 이해가 선행되어야 한다.

어휘력의 문제가 아니라, 전체적인 문맥을 제대로 이해하지 못해서 서술형 문제 파악에 어려움을 겪는 아이들도 있다. 서술형 문제는 보통 다섯 문장 이상 넘어가기 때문에, 무엇을 묻는지 머릿속에서 정리가 잘되지 않는 것이다. 이런 아이들은 국어에서 문단 요약하기를 배울 때에도 어려움을 겪는다. 문장의 전체적인 문맥을 이해하지 못해서 서술형 문제를 어려워하는 아이들은 줄글로 된 책을 읽히면서 문단 요약을 자주 해보도록 시켜야 한다. 또한 문단에서 말하고자 하는 중심 내용이 무엇인지를 알아내는 훈련도 지속적으로 시켜야 한다.

약점 극복에
신경 쓰자

약점을 극복하기 위해서는 우선 자신의 약점이 무엇인지부터 파악해야 한다. 본인이 싫어하고 못하는 과목이나 영역이 뭔지 잘 알고 있는 아이들도 있지만, 그렇지 못한 아이들도 있다. 이럴 때 자신의 취약한 부분을 가장 빠르게 파악할 수 있는 방법은 시험 점수를 살펴보는 것이다. 취약한 과목은 점수가 들쑥날쑥한 경향을 보인다. 과목 내에서도 영역에 따라 호불호가 갈릴 수 있다. 앞서도 언급했지만 수학의 경우, 수와 연산 영역은 점수가 잘 나오는데 도형 영역 점수는 엉망일수 있다. 사회의 경우에도 지리 영역은 점수가 잘 나오는데, 역사 영역은 점수가 형편없을 수 있다. 특정 영역의 점수가 낮다면 그냥 '시험을 망쳤다'에서 끝낼 것이 아니라 그 부분이 아이의 약점이 아닌지를 잘 살펴보아야 한다.

약점이라고 인정되는 과목이나 영역이 발견되었다면 공부를 할 때 약점 부분을 우선해서 공부하는 습관을 들이도록 도와주자. 모두에게 똑같이 주어진 시간이지만, 어떤 일을 우선순위에 두고 하느냐에 따라 인생이 달라진다. 중요한 일과 사소한 일 중에서는 중요한 일이 우선이다. 좋아하는 일과 싫어하는 일 중에서는 싫어하는 일을 우선 해버리는 것이 삶의 지혜이다. 공부도 마찬가지이다. 싫어하는 과목을 먼저 공부해야 부담감도 떨칠 수도 있고 성취감도 맛볼 수 있다.

약점을 극복할 수 있는 기회로 방학을 적극 활용하는 것도 권한다. 취약한 과목은 방학처럼 비교적 시간의 여유가 많을 때 집중해서 공부하는 것이 좋다. 방학 동안 교과서를 미리 반복해서 읽거나 인터넷 강의 등을 듣는 것은 아이의 공부 자신감을 끌어올리는 데 큰 도움이 된다.

12

교과서의 법칙

모든 시험은
교과서에서 나온다

초등학교 고학년 아이들이 유독 어려워하는 과목이 하나 있다. 바로, 사회이다. 왠지 느낌상으로는 수학을 가장 어려워할 것 같지만, 수학은 아이들 사이에서도 마니아층이 존재한다. 문제 풀이의 즐거움, 딱 떨어지는 답을 구할 때의 짜릿함 때문에 수학을 좋아하는 아이들이 생각보다 많다. 그러나 사회는 대부분의 아이들이 어려워한다. 사회는 어휘력이 좋을수록 내용 이해에 유리하기 때문이다. 또한 사회의 하위 영역인 역사를 어려워하는 아이들이 많아서이기도 하다.

하지만 분명 사회를 좋아하고 잘하는 아이들이 존재한다. 이 아이들에게 사회 공부 비법을 물으면 대부분의 이렇게 답한다. "교과서를 반복해서 읽으면 돼요!" 하지만 아이들에게 사회 시험을 보기 전에 시험 범위 내용을 10번 정도 읽고서 시험을 보면 100점을 받을 수 있다고 말해줘도, 아이들은 교과서를 잘 읽지 않는다. 대신 핵심 요약집이나 문제집만 열심히 들여다본다. 자연스레 시험 결과는 영 신통치 않다. 교과서를 우습게 본 아이들의 결말이다.

교과서를 우습게 보는 아이들

학교마다 조금씩 다르기는 하지만, 대체로 학년말이 되면 헌 교과서를 수거해간다. 아이가 원하면 헌 교과서를 얼마든지 버려도 된다. 하지만 필자는 4학년 아이들에게 헌 교과서를 버릴 때 수학 교과서만큼은 버리지 말고 집에 가져가서 5학년에 올라가서 필요할 때마다 펼쳐보라고 말하곤 했다. 그런데 한 남자아이가 이렇게 반문했다.

"선생님, 저는 교과서가 꼴도 보기 싫어요. 그런데 집에 가져가라고요?"

이 말을 마치고 나서 그 남자아이는 수학 교과서를 포함해 모든 교과서를 깡그리 버렸다. 교과서가 얼마나 중요한지 몰라서 벌어지는 일이다. 그런 모습을 보고 있자니 교사로서 진심으로 안타까울 뿐이었다.

아이들 중에는 교과서는 등한시하고 문제집이나 참고서만 열심히 보는 아이들이 있다. 이것은 굉장히 어리석은 공부 방법이다. 문제집이나 참고서는 교과서를 모태로 만들어진 보조 자료에 불과하다. 교과서가 원전이고 문제집이나 참고서는 보조 자료이다. 원전을 등한시한 채 보조 자료만 열심히 본다고 해서 좋은 결과가 나올 리 없다.

교과서는 그냥 만들어지지 않는다. 각 분야의 최고 전문가들이 수년에 걸쳐 각 학년의 수준에 걸맞은 교육 커리큘럼을 연구함은 물론이거니와 이후에 공청회, 본격적인 집필, 세밀한 편집의 과정을 거쳐 제작된다. 교과서 한 종을 만들기 위해 들어가는 시간과 비용은 문제집이나 참고서를 만드는 과정과 비교할 수 없을 정도로 각고의 노력이 들어간다. 교과서의 위상이 예전만 하지는 못한 것이 사실이지만, 그럼에도 불구하고 교과서를 홀대하면서 공부를 잘하기란 어려운 일이다. 초등학교의 모든 시험 문제는 교과서를 근간으로 출제된다. 시험에서 좋은 결과를 얻고 싶다면, 좋든 싫든 교과서를 충실하게 공부해야 한다. 교과서는 모든 공부의 출발점이다. 문제집이나 참고서는 교과서를 충분히 공부한 후에 들춰보는 것이 순서에 맞는 공부법이다.

교과서를
주기적으로 점검하라

교사로 오랫동안 일하면서 터득한 필자 나름의 공부 잘하는 아이 감별법이 하나 있다. 바로 그 아이의 교과서를 보면 된다. 공부 잘하는 아이들의 교과서는 겉으로 봤을 때 거의 새 책처럼 깨끗하고 정갈하다. 그러면서도 속을 들춰보면 필기를 빼먹은 곳이 없고, 문제마다 정답이 구체적으로 적혀 있다. 글씨도 비교적 정자로 쓰여 있다.

반면에 공부를 못하는 아이들의 교과서는 우선 겉으로 봤을 때부터 책 여기저기가 지저분하다. 곳곳에 낙서가 되어 있다거나 모퉁이가 찢겨 있기도 하다. 책을 들춰보면 필기가 안 된 부분이 많고, 정답 대신 오답이 적혀 있는 경우가 잦다. 물건은 주인을 닮는다고 했던가? 교과서만큼은 분명 그런 듯하다. 아이의 학교생활이 궁금하다면 아이의 교과서를 살펴보길 바란다. 그 안에 아이의 학업과 관계된 대부분의 사항이 녹아들어 있을 것이다. 아이에게 긍정적인 의미의 긴장감을 주기 위해서라도 부모가 교과서는 주기적으로 한 번씩 점검해볼 필요가 있다.

5학년 아이들을 지도할 때의 일이다. 성조는 금요일이 되면 어김없이 사물함에 있는 교과서를 모두 꺼내어 가방에 챙겨 갔다. 어느 날 성조에게 왜 그렇게 매번 교과서를 챙겨 가느냐고 물었더니 엄마가 금요일마다 교과서 검사를 하신다고 했다. 평소에 성조는 수업 태도도 좋았을 뿐만 아니라, 교과서에 실린 문제를 매우 성실하게 풀던 아이였다.

아이의 교과서를 주기적으로 검사하면 아이의 수업 태도를 고치는 데에도 도움이 된다. 그렇다고 해서 아이의 교과서를 매일 검사하기란 현실적으로 쉽지 않다. 따라서 일주일에 한 번 정도 점검하는 것을 강력히 추천한다. 한 주가 끝나는 금요일에 중요 교과인 국어, 수학, 사회, 과학 교과서 정도를 집에 가져오게 한다. 이때 보조 교과서인 국어 활동, 수학 익힘, 실험 관찰 등도 가져오게 한다. 아이의 교과서만 잘 점검해도 비싼 사교육보다 더 나은 효과를 거둘 수 있다.

'7번 읽기'로 교과서를 정복하라

『7번 읽기 공부법』이라는 책을 기억하는가? 『7번 읽기 공부법』은 한때 일본과 한국에 반복 읽기 열풍을 불러일으킨 책으로, 이 책의 저자 야마구치 마유山口眞由는 일본 도쿄대 법학과 재학 중 사법고시와 국가공무원 제1종 시험에 합격하고, 대학 4년 내내 전 과목 최우수 성적을 받아 수석으로 학교를 졸업하는 등 일본 최고의 '합격의 신'으로 유명세를 탄 인물이다. 그녀가 단시간 내에 어려운 시험에 연거푸 합격할 수 있었던 비결은 다름 아닌 '7번 읽기'였다.

야마구치가 합격의 비결로 꼽은 7번 읽기를 자세하게 뜯어보면, 실은 3단계 읽기에 가깝다. 1번 읽기부터 3번 읽기까지는 '훑어보기' 단계이다. 이 단계에서는 책을 본격적으로 읽기 전에 책에 무슨 내용이 들어 있는지 훑어본다. 4번 읽기부터 5번 읽기까지는 '묵독(정독)' 단계이다. 이 단계에서는 내용을 충분히 이해하며 자세히 읽는다. 우리가 흔히 '책을 읽는다'라고 말하는 단계이다. 6번째 읽기와 7번째 읽기는 '입력' 단계이다. 중요한 내용을 머릿속에 입력하고 입력이 제대로 되었는지를 확인하면서 읽는 단계라고 할 수 있다. 7번 읽기가 부담스럽다면, 최소 3번 읽기(훑어보기→묵독→입력)를 실천해볼 것을 권한다.

책을 처음부터 자세히 읽지 않는 것이 7번 읽기의 포인트이다. 처음에는 훑어보기를 통해 책 전체의 윤곽만 잡은 뒤, 이후 자세하게 내용을 독파하고, 마지막에는 내용을 요약해서 읽어가라는 것이다. 7번 읽기는 교과서 읽기의 정석이기도 하다.

하지만 대부분의 아이들이 책 읽는 모습을 보면 훑어보기의 단계는 생략하고, 다짜고짜 자세히 읽기에 진입해서 기껏해야 한두 번 읽고 책을 덮어버리곤 한다. 당연히 입력 단계까지는 가지도 못한다. 그러므로 교과서를 7번 읽는 것만으로도 충분히 우등생의 반열에 들 수 있다.

교과서
100% 활용법

집에서도 교과서를 활용하기 위해서는 가급적 교과서를 과목마다 여벌로 구입하여 가정에 비치하는 것이 좋다. 매일 들고 다니기에는 무겁기도 하거니와 분실의 우려도 있기 때문이다. 여벌의 교과서는 대형 서점이나 온라인 서점을 통해 어렵지 않게 구매할 수 있다. 가격도 일반 책에 비해 매우 저렴한 편이다.

단원 평가와 같은 시험이 있을 때에는 학교에서 사용하는 교과서를 가져오게 해서 반복해서 읽히는 것이 좋다. 반복 읽기 방법은 앞서 소개한 7번 읽기를 참고하되, 평소 수업 시간에 교사가 강조한 내용 등은 특별히 더 눈여겨보면서 읽게 하면 좋다. 특히 그림, 사진, 도표, 그래프 등을 꼼꼼히 눈여겨보게 한다. 교과서에 등장하는 시각 자료들은 언제나 시험 문제의 좋은 소재로 활용되기 때문이다. 시각 자료들은 학습 내용이나 학습 목표 등과 연계해서 보는 것이 기억하는 데 도움이 된다.

교과서에는 배우는 내용과 관련된 문제들이 나온다. 교과서에 나온 문제들은 반드시 제대로 답할 수 있어야 한다. 교과서에 등장하는 문제는 시험에서 단골로 출제된다. 문제가 어렵다면, 자습서나 전과의 도움을 받는 것도 좋은 방법이다. 문제집을 풀다가 틀린 문제가 나오면 가급적 교과서에서 관련된 부분을 찾아 확인하는 편이 좋다. 그래야만 교과서 내용이 어떻게 문제로 만들어지는지도 알 수 있고, 교과서 내용을 한층 더 깊이 이해할 수 있게 된다.

과목별로 교과서 활용법은 조금 다르다. 국어 교과서는 많이 반복해서 읽을수록 좋다. 국어 교과서에 실린 작품은 학년별로 아이들의 수준을 고려해서 엄선해 실은 작품이다. 국어 교과서에 실린 작품들을 소리 내어 읽으면 예습과 복습이 겸해서 된다는 이점도 있다. 평소 학교 진도에 맞춰 해당 본문을 한두 차례 읽어두면 시험 때 따로 공부하지 않아도 된다.

수학 교과서는 개념 원리가 소개된 부분을 유심히 보면 좋다. 수학 교과서에는 개념 원리가 과정 중심으로 아주 상세하게 잘 소개되어 있다. 수학 문제집에는 문제가 다량 실려 있긴 하지만, 교과서만큼 개념 원리를 자세하게 다루지 않는다.

과학 교과서와 사회 교과서는 내용을 반복해서 읽을 때, 핵심 개념에 해당하는 용어에 관심을 가져야 한다. 핵심 개념 용어는 그대로 시험 문제로 출제되기 때문이다. 과학 교과서와 사회 교과서에는 그림이나 사진 등이 많이 등장하는데, 이러한 시각 자료들도 시험 문제의 좋은 소재가 되므로 그냥 지나치지 말고 유심히 살피는 것이 좋다.

TIP 역사 정복하는 법

5학년부터 사회 교과에서 역사를 본격적으로 배우기 시작한다. 초등학교 때 배우는 역사는 중·고등학교 때 배우는 한국사의 바탕이 된다. 특히 역사는 다른 어떤 교과보다 교과서가 중요하다. 교과서가 닳도록 반복해서 읽으면 역사만큼 재미있고 쉬운 과목도 없다. 교과서를 활용한 효과적인 역사 공부 방법을 소개한다.

이야기책 읽듯이 큰 흐름 먼저 파악하기

교과서 읽기는 역사 공부를 할 때 기본 중의 기본이다. 교과서를 반복해서 읽음으로써 우선 역사의 큰 흐름을 파악해야 한다. 대개 세세한 역사적 사건들을 이해하고 외우느라 전체적인 흐름을 보지 못하는 경우가 많다. 큰 흐름을 파악하지 않으면 세세한 정보를 외우기 힘들 뿐만 아니라, 개개의 역사적 사건들을 하나로 통합할 수가 없다. 역사적으로 벌어진 모든 사건들은 서로 인과관계로 맞물려 있기 때문에 큰 흐름을 제대로 파악하면 개별적인 역사적 사건들을 굳이 외우려고 애쓰지 않아도 이야기책의 줄거리처럼 기억하게 된다. 여러 역사적 사건들 중에서도 특별히 중요한 사건들은 그 원인과 결과를 보다 주의를 기울여서 살피도록 하자.

조금씩 확실하게 공부하기

5학년 아이들에게 귀주대첩을 승리로 이끈 고려 장군의 이름을 묻는 문제를 낸 적이 있다. 그랬더니 을지문덕, 양만춘, 서희 심지어 이순신 장군까지 아이들이 그때까지 들어본 모든 장군들의 이름들이 쏟아졌다. (정답은 강감찬이다.) 한꺼번에 너무 많은 양을 공부하다 보니 역사 속 인물들의 이름과 업적이 헷갈렸던 탓이다. 역사 공부를 할 때에는 한 번에 많은 분량을 공부하기보다는 적은 분량이라도 확실하게 익힐 수 있도록 도와줘야 한다.

수학이나 과학 과목 전후에 공부하기

우리 뇌는 비슷한 정보가 연속적으로 들어오면 서로 밀어내기 경쟁을 한다. 이렇게 정보들 간에 간섭이 심해지면 기억에 어려움을 겪게 된다. 앞에서도 이야기한 바 있는데, 이를 심리학에서는 '유사 억제'라고 부른다. 유사 억제를 막기 위해서는 수학과 과학 같은 이과 계열 과목과 국어나 사회 같은 문과 계열 과목을 교차해서 공부하는 것이 좋다. 즉, 사회 공부는 수학이나 과학 공부 전후에 하는 것이 효과적이다.

교재 단순화 시키기

역사는 아무래도 다른 과목보다 암기할 내용이 많은 것이 사실이다. 암기할 내용이 많은 과목은 교재를 단순화 시켜서 한곳에 내용을 정리하는 편이 좋다. 필자는 교과서를 주교재로 추천한다. 만일 문제집을 풀다가 교과서에 없는 새로운 내용이 나왔다면, 그 내용을 주교재인 교과서에 적어두는 식이다. 이렇게 공책, 문제집, 교과서 등에 흩어져 있는 정보들을 주교재 한 권에 정리해놓으면 이해도 잘될 뿐만 아니라, 내용을 찾기 위해 시간을 낭비하지 않아도 된다. 시험을 앞두고서 주교재 하나만 보면 되니 학습 효율도 높아진다.

문제집 적극 활용하기

역사의 큰 흐름을 어느 정도 잡았다면, 문제집을 통해 세부적인 내용들을 공부하는 것이 좋다. 문제집에 수록된 기출 문제나 핵심 문제 등을 우선적으로 꼼꼼히 살펴보게 한다. 사회 역시 수학처럼 한 번 틀린 문제는 계속 틀리기 마련이다. 따라서 오답 공책을 만들어서 관리하거나 최소한 문제집에 틀린 문제를 표시해둬서 시험 전에 다시 한 번 볼 수 있도록 해야 한다.

선생님이 주신 힌트 놓치지 않기

대부분의 교사들이 시험 전에 시험에 나올 내용을 짚어주거나 복습을 시켜줘서 아이들에게 힌트를 건넨다. 선생님의 한 마디 한 마디가 시험 문제로 출제될 수 있으므로 주의를 기울여야 함에도 불구하고 딴청을 부리는 아이들이 있다. 교사 입장에서는 이럴 때 안타깝고 답답한 심정이 든다. 교사가 평소에 나눠줬던 인쇄물이나 시험지 등도 각별히 챙겨보도록 해야 한다.

만화책, 역사 소설 적극 활용하기

필자는 읽기 교육에 있어서 만화책을 그다지 추천하는 편이 아니지만, 역사 공부에서만큼은 권한다. 만화를 통해 역사에 흥미를 갖게 될 뿐만 아니라, 전체적인 흐름을 쉽게 파악할 수 있기 때문이다. 『하룻밤에 읽는 세계사』, 『먼나라 이웃나라』처럼 잘 만들어진 역사 학습 만화를 읽혀서 아이들의 역사 배경지식을 늘려주는 것도 좋은 방법이다. 역사 소설도 역사 공부에 도움이 된다. 조정래의 『태백산맥』을 통해 우리나라 근현대사를, 김훈의 『칼의 노래』와 『남한산성』을 통해 임진왜란과 병자호란의 치욕스러운 역사를 속속들이 알 수 있다.

영상 매체로 흥미 유발하기

유튜브에는 역사를 주제로 한 수많은 동영상들이 올라와 있다. 그중에서도 EBS에서 제작한 〈역사채널ⓒ〉를 추천한다. 〈역사채널ⓒ〉는 우리 역사의 한 장면을 10분 내외의 콘텐츠로 구성한 프로그램으로, 부담 없이 시청하는 가운데에 역사에 대한 관심을 가질 수 있도록 만들어졌다.

사극 또한 역사에 대한 관심을 유발시키는 데 탁월한 효과가 있다. 하지만 사극은 극적인 재미를 위해 역사적 사실을 각색하는 경우도 많다. 나이가 어릴수록 역사적 사실과 드라마의 내용을 구분하지 못하는 경향이 크다. 실제로 이런 경우도 있었다. 〈대조영〉이라는 사극이 한참 인기를 구가할 때였다. 6학년 사회 시험에 발해를 건국한 사람이 누구인지 묻는 문제를 출제한 적이 있었는데, 한 아이가 '최수종(극중 대조영 역을 맡은 배우)'이라고 답을 적어서 채점을 하다가 한참을 배꼽 잡고 웃었다. 이처럼 아이들은 드라마와 현실을 동일시하는 경향이 있기 때문에 사극을 통해 역사 공부를 시키고자 한다면 먼저 드라마가 다루고 있는 역사적 사실을 제대로 알려줘야 한다.

한국사능력검정시험에 도전하기

아이가 역사를 재미있어 한다거나, 점수 욕심이 크다면 한국사 인증 시험에 도전해볼 것을 권한다. 국사편찬위원회는 2006년부터 '한국사능력검정시험'을 시행해오고 있다. 한국사능력검정시험의 문항은 역사 교육의 목표 준거에 따라 '역사 지식의 이해', '연대기의 파악', '역사 상황과 쟁점의 인식', '역사 자료의 분석 및 해석', '역사 탐구의 설계 및 수행', '결론의 도출 및 평가' 등 총 여섯 가지 유형의 문제들이 출제된다.

초등학생의 경우 초급으로 응시하면 된다. 초급 문제는 총 40문항으로 4지 선다형 문제가 출제되는데 60점~69점은 6급, 70점 이상이면 5급으로 인증된다. 한국사능력검정시험은 연간 총 5회 실시되고 있으니, 한번쯤 도전해볼 만하다. 역사 공부도 하고, 아이에게 도전 정신과 목표 의식을 길러주는 좋은 기회가 될 것이다.

13

선행 필패의 법칙

잘못된 선행은
반드시 아이를 망친다

"선생님! 학교에 몇 시에 도착해요?"

아이들과 함께 현장학습이나 수련회를 가면 아이들이 꼭 던지는 질문이다.

"음, 2시 30분 정도에 도착할 것 같은데?"

내 대답을 듣고 나서 어떤 아이들은 환호성을 지르는가 하면, 어떤 아이들은 죽을상이 된다. 학원에 가야 하는 시간보다 늦게 도착해서 학원에 안 가도 되는 아이들은 기뻐서 소리 지르고, 학원 수업 시간이 그보다 늦은 아이들은 꼼짝없이 학원을 가야 하니 죽을 맛이다. 학원에 가기 싫은 아이들은 돌아가는 버스 안에서 간절히 기도한다.

"차야, 제발 좀 막혀라."

"선생님, 30분만 늦게 출발하면 안 돼요?"

다급해진 아이들은 이윽고 엄마에게 전화를 걸어서 제발 오늘 하루만 학원을 빼지면 안 되냐고 애원을 한다. 엄마의 승낙이 떨어지기라도 하면 아이는 먹잇감을 잡은 사자처럼 큰 소리로 포효한다.

"야호! 오늘 학원 안 가도 된다!"

엄마의 허락은커녕 잔소리만 들은 아이들은 사자의 먹잇감을 부러운 눈빛으로 쳐다보는 하이에나들처럼 "좋겠다~", "부럽다~"만 연발한다.

대한민국 전체가 'SKY 캐슬'

1년 전쯤, 대한민국을 들썩이게 했던 〈SKY 캐슬〉이란 드라마를 기억하는가? 〈SKY 캐슬〉은 대한민국 사교육 시장의 이면을 낱낱이 파헤쳐 보여준 스토리 덕분에 비지상파 드라마 중 역대 최고 시청률을 기록하기도 했다. 드라마 속에서는 자녀를 명문대에 보내기 위해서라면 수십억 원을 호가하는 입시 코디를 들이는 일도 마다하지 않는 인물들이 등장한다. 보통 사람들의 일상과는 동떨어진 듯한 내용을 다뤘음에도 불구하고, 이 드라마가 대다수 시청자들의 관심을 받은 까닭은 무엇이었을까? 무엇보다 대한민국 교육 시장 전반에 팽배한 불안감, 경쟁 심리, 이기주의 등이 굉장히 사실적으로 묘사됐기 때문이다. 또한 우리나라에서 대학 입시는 세대를 막론하고 모두가 관심을 갖는 핵심 이슈이기 때문이다. 어찌 보면 대한민국 전체가 하나의 거대한 'SKY 캐슬'이 아닌가 싶을 정도이다.

오늘날 대한민국의 교육을 논할 때, 학원 교육(사교육)을 빼놓고서는 이야기를 할 수 없을 정도로 학원 교육은 아이들의 일상에 깊숙이 자리 잡았다. 학원을 한 군데도 다니지 않는 아이를 찾기란 하늘의 별 따기이다. 학원 교육의 필요성을 크게 느끼지 못하거나 자신만의 교육적 소신 때문에 아이를 학원에 보내지 않는 부모는 주변에서 걱정스러운 말들을 듣기 십상이다.

요즘 같은 시대에 좋은 부모의 역할은 발 빠른 정보력으로 좋은 학원을 찾아내서 아이의 학원 스케줄을 직접 짜주고, 그 스케줄에 맞춰서 아이를 실어 날라주는 부모라고 생각하는 사람들도 있다. 상황이 그렇다 보니 학교 수업 시간에는 학원 숙제를 하느라 바빠서 학교 수업은 도외시하는 아이들도 많아졌고, 학교는 빠지더라도 학원은 결석하면 안 된다고 생각하는 아이들도 있는 것이 현실이다.

한번은 이런 일도 있었다. 6학년 아이들을 지도할 때였다. 수업 시간에 늘 집중을 못하는 아이가 눈에 밟혀서 하루는 수업 시간에 집중 좀 했으면 좋겠다고 엄하게 잔소리를 했더니 아이가 대뜸 이렇게 대꾸해서 내심 놀란 적이 있었다.

"선생님, 우리 아빠가 공부는 학원에서 하고, 학교에서는 친구들과 재미있게 놀라던데요."

그 아이의 아빠는 아마도 공교육보다 사교육을 훨씬 더 신뢰하는 사람이었던 듯하다. 안타까운 사실은 이렇게 생각하는 부모들이 적지 않다는 점이다. 하지만 그런 분들에게 현직 교사로서 진심으로 묻고 싶다. 학원이 아이들의 공부에 큰 도움을 주는지 여부를 면밀히 고민하고 깊은 확신을 얻은 다음에, 아이를 학원에 보내고 있는지 말이다.

학원을 보내는 부모들 중 대다수가 막연한 불안감 때문에 보낸다. 아이 실력에 실제로 도움이 되어서 학원을 보내는 것이 아니라, 옆집 아이는 가는데 내 아이만 안 보내면 왠지 뒤처질 것 같은 심정 때문에 보내는 것이다. 학원이 자녀의 공부에 어떤 마이너스 요소로 작용할지에 대해서는 심각하게 고민하지 않는다. 문제의 징후가 보이더라도 대수롭지 않게 여긴다. 그런데 학원의 부작용은 생각보다 만만치 않다.

지나친
사교육의 폐해

많은 부모들은 아이가 '학원에 가는 시간 = 공부하는 시간'이라는 전제를 갖고 아이를 학원에 보낸다. 그와 같은 대전제 아래에서 '학원을 많이 보내면, 공부하는 시간이 늘어난다'라는 믿음이 생긴다. 그런데 이것은 상당히 근거가 없는 믿음이다. 현직 교사로서 학원을 많이 다니는 아이들이 학교에서 보이는 몇 가지 공통된 행동상의 특징을 말하고 싶다. 부모들은 발견하기 어려운 모습이다.

우선 학원에 많이 다니는 아이들은 학교 수업 시간에 굉장히 산만하다. 이런 경향은 남자아이이거나 외향적인 기질이 있는 아이들에게서 더욱 두드러진다. 인간에게는 기본적으로 모르는 것을 알고 싶어 하는 지적 호기심이 존재한다. 그런데 학원에서 미리 선행 학습을 한 아이들은 자신이 이미 배워서 알고 있다는 생각을 하기 때문에 학교 수업에 집중하지 않고 딴청을 피우곤 한다. 이는 아이의 자만심 때문이라기보다는 아이들의 집중력에 한계가 있기 때문이다. 수업 시간에 집중하지 않는 일이 반복되면 교사에게 자꾸 지적을 받게 되고, 결국에는 의도치 않게 수업 태도가 나쁜 아이로 치부될 수도 있다.

아이들은 기계가 아니다. 기계야 에너지만 공급해주면 하루 24시간 쉬지 않고 돌아가지만, 사람은 그럴 수 없다. 어른도 그러할진대 어린아이들은 말할 것도 없다. 초등학교 고학년 아이들은 보통 학교에서 6교시까지 수업을 한다. 그런 경우 하교 시간이 보통 오후 2시 30분에서 3시 사이이다. 아침 9시에 등교해서 약 6시간 정도를 학교에서 보내는 셈이다. 수업 시간만 헤아려도 학교에서 4시간(40분 수업 ×6교시=240분)이나 공부를 한다. 초등학생의 공부량으로 결코 적지 않은 시간이다.

여기에 방과 후 학원을 가는 스케줄이 있다고 치자. 일반적으로 대다수의 아이들이 학원을 두세 군데는 다닌다. 학원 한 곳당 1시간씩만 수업을 듣는다고 해도, 아이는 방과 후에 2~3시간의 수업을 더 듣게 된다. 이를 학교 수업 시간을 기준으로 다시 따지면, 사교육을 받는 초등학교 고학년 아이는 하루에 10교시 이상의 수업을 듣는 셈이다. 명백한 과잉 학습이다.

'공부 가성비의 법칙'에서도 언급한 바 있지만, 과잉 학습은 비효율적인 학습법 중 하나이다. 과잉 학습으로 인해 심신이 고단해진 아이는 나름의 자구책을 모색한다. 그 방법은 다름 아닌, 매 수업 시간에 집중하지 않고 대강 시간을 보내는 것이다. 10교시에 육박하는 전체 수업 시간 동안 매번 집중하기란 초등학생 아이에게 버거운 일이다. 아이가 자만심에 취해서 혹은 학교 선생님을 우습게 봐서 학교 수업 시간에 딴청을 피우는 것이 아니다. 과잉 학습으로 탈진한 아이가 자기 살 길을 찾자고 하는 행동이다.

두 번째로, 학원 학습에 지나치게 의존하다 보면 자기 주도 학습 능력을 키우기 어려워진다. 무슨 일이든지 자기가 스스로 능동적으로 임해야 제대로 된 효과가 나오는 법이다. 공부도 자기 주도적으로 할 때 가장 큰 효과(=좋은 성적)를 볼 수 있다. 하지만 학원에 의존하는 공부는 학습의 주도권을 자신이 아닌 학원에 넘기는 셈이다. 자기 주도 학습 능력을 갖추려면 아이가 스스로 공부 계획을 세우고 실행하는 습관을 가져야만 한다. 공부 계획부터 문제 풀이까지 공부의 전 과정을 학원에 자꾸 의지하게 되면 나중에는 혼자 공부하는 방법을 잊어버린다.

세 번째로, 학원을 많이 다니는 아이들은 항상 시간에 쫓긴다. 하루가 다람쥐 쳇바퀴 돌 듯이 정신없다. 아이들은 기본적으로 놀고 싶은 욕구가 충만한데, 학원을 가느라 충분히 뛰어놀 시간이 부족하다. 놀고 싶은 욕구를 해소하지 못한 아이들은 언제나 욕구불만에 싸여 있다. 그렇다 보니 친구들과도 자주 다투게 된다. 놀 시간만 없는 것이 아니다. 그날 배운 것을 되새김질하며 복습할 시간이 필요한데, 숙제할 시간조차 빠듯하다. 숙제를 안 하면 선생님에게 혼이 나니, 이제 숙제 돌려막기가 시작된다. 학교에서는 학원 숙제하고, 학원에서는 학교 숙제한다. 죽도 밥도 안 되는 애먼 상황이다.

마지막으로, 학원을 많이 다니는 아이들은 엄청난 공부 스트레스에 시달리곤 한다. 스트레스가 만성적으로 이어지면 아이의 뇌는 치명적인 손상을 입을 수 있다. 특히 우리의 뇌에서 스트레스에 가장 취약한 부분이 전두엽 부위이다. 전두엽 부위는 사고력과 이해력, 문제해결력 등 인간의 이성적, 종합적 사고를 관장하는 부위로 공부를 할 때 가장 중요한 기능을 하는 부위라고 할 수 있다. 스트레스로 인해 전두엽 부위가 원활하게 기능하지 못하면, 절대 공부를 잘할 수 없다.

선행은 잘못된
공부 습관을 들게 한다

학원의 가장 큰 문제점은 불필요한 선행 학습에 집중하게끔 만든다는 점이다. 요즘은 학원에서 선행 학습을 하는 것이 너무 당연하게 여겨진다. 오히려 선행 학습을 시키지 않는 부모는 현실을 모르는 부모로 낙인찍히기 십상이다. 교육 현장에 파다하게 퍼진, 선행 학습을 당연시하는 분위기는 선행 학습을 시키지 않고 있는 부모의 불안감을 부추긴다. 이 불안감을 극복하지 못하면 자연스럽게 사교육 시장을 향해 지갑을 열게 된다. 그렇게 많은 부모들이 '불안감 조장 마케팅'의 희생양이 되어가는 중이다.

선행 학습이 무조건 나쁜 것만은 아니다. 선행 학습이 필요한 아이들도 분명히 존재한다. 이를테면 초등학교 6학년이지만 스스로 중학교 수학을 뗄 정도의 능력이 되는 아이들이 있다. 다만, 이런 아이들은 극소수라는 사실을 기억하자. 자기 연령의 평균치를 훨씬 웃도는 실력을 가진 아이들을 기준에 놓고서 내 아이를 거기에 맞추기 위해 선행 학습 전선에 내모는 일은 부모로서 정말 하지 말아야 하는 어리석은 행동이다. 대다수의 아이들에게는 선행 학습보다 적기 교육이 효율성 측면에서나 아이의 수용성 측면에서나 훨씬 더 중요하다.

선행 학습의 가장 큰 문제점은 아이들의 지적 발달 수준을 무시하고 이루어진다는 사실이다. 아이들을 지도하다 보면 자기 학년의 수업 내용도 어렵게 생각하는 아이들이 참 많다. 그래서 교과서에는 1차시 분량으로 안내된 내용을 2차시에 걸쳐 가르치는 일도 생긴다. 6학년 수학을 예로 들어보겠다. 예전 교육 과정에서는 거듭제곱, 함수, 방정식, 부채꼴의 넓이 등과 같은 내용을 모두 배웠다. 하지만 초등학교 6학년이 이해하기에는 다소 어려운 개념이라는 현장의 판단을 근거로 현행 7차 교육 과정에서는 앞에서 언급한 내용들을 대부분 중학교 수학에서 배우는 것으로 조정했다. 그렇게 정부 차원에서 아이들의 수업 이해도를 바탕으로 교육 과정을 조정했건만, 현장에서는 선행 학습이라는 미명으로 초등학교 6학년 아이들이 중학교 수학을 배우는 풍경이 다시 펼쳐지고 있다.

수학뿐만이 아니다. 사회를 예로 들어보겠다. 사회과 수업 시 학년별로 배우는 지리 내용은 각 학년마다 아이들이 인식할 수 있는 평균적인 공간의 범위를 고려하여 점진적으로 확장하는 방식으로 구성된다. 이를테면 3학년은 '우리 고장', 4학년은 '우리 시·도', 5학년은 '우리나라', 6학년은 '우리나라와 세계'를 배우는 식이다. 만일 우리 고장의 그림지도를 그리고 읽는 방법을 배워야 하는 3학년 아이가 4학년이 되어야 배울 수 있는 우리 시·도의 지도나 지도의 축척 개념을 선행 학습으로 접한다고 치자. 과연 제대로 이해할 수 있을까? 축척 개념의 경우, 4학년 아이들에게 아무리 쉽게 설명한다고 해도 이해를 못하는 아이가 태반이다.

자신의 이해력으로는 수용이 불가능한 정보를 배우게 될 때 아이들이 공통적으로 보이는 현상이 있다. 바로, 밑도 끝도 없이 무조건 외우려 든다. 탁월한 암기력은 공부를 잘하기 위해 꼭 필요한 능력 중 하나이긴 하지만, 이해도 되지 않는 내용을 무턱대고 머릿속에 욱여넣으려고 하는 것은 결코 좋은 공부법이 아니다.

선행 학습의 또 다른 커다란 문제는 아이가 조작 체험을 할 기회를 뺏어가서 개념 원리 이해를 방해한다는 것이다. 조작 체험만큼 초등학생들에게 개념 원리를 잘 이해시킬 수 있는 방법은 없다. 그런데 조작 체험 활동은 시간이 오래 걸린다. 예를 들어 4학년 수학에서 '삼각형 세 내각內角의 합은 180도이다'라는 개념을 가르친다고 하자. 이 내용을 그냥 말로 설명한 뒤 문장을 그대로 외우게끔 하면 개념을 가르치는 데에 5분도 채 안 걸린다. 하지만 아이들에게 직접 색종이에 삼각형을 그리게 해서 해당 문장이 어떤 의미인지 깨닫게 하려면 1시간도 턱없이 부족하다.

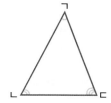 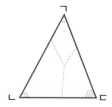 

'삼각형 세 내각의 합은 180도이다' 개념을 알아보는 조작 활동

학원에서는 선행 학습으로 진도를 빨리 빼는 것이 목적이기 때문에 오랜 시간을 들여서 이와 같은 조작 활동을 여유 있게 할 수 없다. 말로 설명하고 넘어갈 뿐이다. 충분한 조작 활동을 통해 배우지 못한 아이들은 개념 원리에 대해 수박 겉핥기로 알고 넘어가기 십상이다. 또한 배워나가는 기쁨보다는 결과적으로 얻게 되는 지식만을 중요시하게 된다. 공부하는 과정의 즐거움은 누리지 못하는 것이다.

아이에게 약이 되는 학원 사용법

지나친 학원 의존은 앞에서 이야기했듯이 아이의 공부에 부정적인 영향을 더 많이 끼친다. 반면에 어떤 아이들은 학원을 잘 이용해서 학업 성취도 향상에 도움을 받기도 한다. 뭐든지 제대로만 쓰면 내 몸에 좋은 약이 될 수 있다. 다음은 현명하고 효율적인 학원 보내기의 원칙들이다.

우선, 학원의 효과는 처음 다닐 때가 가장 크다는 사실을 알고 있자. 학원을 안 다니던 아이가 학원을 다니면 처음에는 성적이 오르는 경향을 보인다. 이때 성적이 반짝 오른 것을 보고 부모는 '역시 학원이 정답이었네' 하고 생각하기 쉽다. 하지만 학원 수업을 듣는 것과 더불어서 아이 스스로 공부하는 습관을 잡아주지 않으면 오른 성적을 계속 유지할 수 없을 가능성이 크다. 다이어트와 비슷하다. 약물이나 외과적 수술을 통해 단기간에 살을 뺄 수는 있지만, 근본적인 생활 습관 및 식습관의 개선이 없다면 언젠가 요요 현상이 찾아오고 만다. 아이의 수준과 기질에 맞춰 공부 습관을 바꿔줘야 꾸준한 성적 향상을 기대할 수 있다.

두 번째로, 학원을 선택할 때에는 자녀와 충분한 대화와 타협이 이루어져야 한다. 부모 마음대로 학원을 정해버리면 아이는 반발하기 마련이다. 부모 손에 끌려서 마지못해 다니는 학원이 효과를 가져다줄 리는 만무하다. 학원을 선택할 때에는 지나친 선행이나 레벨 향상을 강요하는 학원은 가급적 피하는 것이 좋다. 불안감만 조장할 뿐만 아니라, 자칫 자존감이 낮은 아이들의 경우 공부 자존감에 큰 타격을 받을 수 있다.

세 번째로, 학원의 대외적인 명성만을 믿고 보내는 것은 삼가야 한다. 학원의 명성보다는 아이를 가르치는 강사가 더 중요하다. 강사가 아이와 잘 맞아야 한다. 가르치는 강사가 좋으면 학원에 가고 싶어지고, 그 과목을 더 좋아하게 되는 법이다. 이름 있고 비싸다고 좋은 학원이 아니다. 우리 아이와 잘 맞는 학원이 좋은 학원이다.

마지막으로, 아이가 학원에서 너무 오랜 시간을 보내지 않게 해야 한다. 학원에서 너무 오랜 시간을 머물면 아이는 지치기 마련이다. 지친 아이는 집에 와서 아무것도 안 하려고 든다. 공부는 학원에서 다 했으니, 자신에게 보상을 해주어야 한다고 생각하며 컴퓨터게임, 스마트폰 등에 빠져들기도 한다. 학교 수업 시간에는 학원 숙제를 하거나 잠만 잘 수도 있다. 따라서 아이가 학원에서 돌아오고 난 뒤, 집에서 자신의 하루를 뒤돌아보고 학교 숙제나 예습을 할 수 있는 시간적 여유를 주도록 해야 한다.

14

자기 주도 학습의 법칙

공부는 자신과의
약속이다

필자가 6학년 아이들을 지도할 때, 아침 자습 시간 20분을 허투루 보내지 않고 자기 주도 학습 능력을 키워줄 수 있는 시간으로 활용하기 위해 고안한 방법이 있다. 바로, 자습을 시작하기 전에 무엇을 할 것인지 계획을 세우게 하고, 자습 시간이 끝날 무렵에는 계획한 바를 실천했는지 점검하도록 한 것이다. 또한 계획을 세울 때에는 '영어 단어 10개 외우기', '책 10쪽 읽기' 등과 같이 구체적으로 세우라는 가이드를 주었다.

20분의 아침 자습 시간을 보내는 방법은 아이들에 따라 대략 3가지 모습으로 나뉘었다. 우등생 그룹은 자습 시간이 시작되기도 전에 자습 계획을 구체적으로 세워놓고, 종이 치자마자 자신의 계획을 차근차근 실천해나갔다. 중간 그룹의 아이들은 계획을 세우긴 했지만 계획한 바를 중도에 포기하고 미처 마무리를 짓지 못했다. 하위 그룹의 아이들은 20분 동안 계획조차 세우지 못하고 교사의 눈치만 살피다가 자습 시간을 끝내곤 했다. 20분이라는 짧은 시간을 보내는 모습만 봐도 공부를 잘하는 아이인지 못하는 아이인지 알 수 있었다.

부모 주도 학습이 아닌 자기 주도 학습이 답이다

자기 주도 학습이란 '학습자 스스로 학습 조력자와 상호작용하며 학습 목표 및 전략을 설정하고 실행한 후 목표 달성 여부를 평가하는 것'을 말한다. 즉, 부모나 교사가 시켜서 공부하는 것이 아니라 스스로 공부하는 것이 자기 주도 학습의 핵심이다.

초등 고학년이 되면 일단 학습량이 엄청나게 늘어난다. 부모가 억지로 시킨다고 해서 해낼 수 있는 분량이 아니다. 저학년 때는 학습량이 적고 내용도 쉽기 때문에 부모가 억지로 공부를 시키면 충분히 소화가 가능하다. 하지만 고학년이 되면 부모의 잔소리를 피하기 위해 억지로 하는 공부가 더 이상 통하지 않는다. 고작 10분을 공부시키기 위해서 30분씩 아이와 입씨름을 해야 한다면, 짧은 시간 안에 많은 학습량을 소화해야 하는 고학년 공부를 따라갈 수 없다.

학습량과 난이도가 급변하는 고학년이 되면 자기 스스로 공부하는 자기 주도 학습 능력을 갖춰야만 한다. 고학년이 되면 공부 주도권이 부모에게서 아이에게로 자연스레 넘어가기 마련이다. 이때 아이가 자기 주도 학습 능력을 갖추지 못하면 초등학교 공부는 간신히 넘긴다고 해도 교과목이 보다 심화되고 확대되는 중·고등학교에 올라가서는 점점 성적이 뒤처질 수밖에 없다.

자기 주도 학습은 인간의 본성에도 걸맞은 공부법이다. 인간은 천성적으로 자유를 추구하는 존재이다. 그렇기 때문에 감시와 억압을 받는다고 느끼면 본능적으로 그 일을 하기 싫어진다. 공부도 스스로의 동기에 의해서 할 때, 성취감도 생기고 재미도 있는 법이다. 평생 교육의 중요성을 강조하는 유네스코평생학습연구소의 입구에는 다음과 같은 문장이 새겨져 있다고 한다. "미래의 문맹자는 공부하는 법을 모르는 사람이다." 아이가 미래의 문맹자가 되기를 원치 않는다면 초등학교 생활이 끝나기 전에 자기 스스로 공부할 줄 아는 능력을 키워줘야 한다.

자기 주도 학습을 위한 작은 습관 만들기

앞에서도 언급했지만 자기 주도 학습은 아이 스스로 공부 계획을 주도적으로 세우고 그것을 실천하는 것이 핵심이다. 그런데 생전 혼자서 공부를 안 해본 아이가 처음부터 '하루에 수학 공부 2시간, 영어 공부 2시간' 하는 식으로 계획을 세워놓으면 보나 마나 작심삼일에 그치고 만다. 따라서 본격적으로 자기 주도 학습 계획을 세우고 공부를 하기 전에 아이가 자신의 일상 속에서 작지만 의미 있는 습관을 스스로 계획하고 실천해내는 연습을 할 필요가 있다.

계획 세우기 예시

습관	소요 시간	요일						
		월	화	수	목	금	토	일
식사 후 밥그릇 개수대에 갖다 놓기	30초							
이불 개기	1분							
큰 소리로 책 1장 읽기	3분							
줄넘기 10번 하기	10초							
한자 1자 쓰기	10초							

습관 계획표를 세울 때 꼭 고려해야 할 사항이 있다. 가치 있는 활동이지만 아주 사소해서 실천에 부담이 없어야 하며, 소요 시간은 아무리 길어도 10분을 넘기지 않는 활동이 좋다. 앞의 계획표에서 '줄넘기 10번 하기', '한자 1자 쓰기'는 아이가 마음만 먹으면 실행하는 데

10초도 안 걸리는 일들이다. 아이가 생각했을 때 '누워서 떡 먹기' 수준으로 여겨지는 활동들이어야 한다.

이렇게 쉬운 계획부터 세우게 하는 데에는 숨은 의도가 있다. 이를테면 줄넘기를 10번 하기로 했다고 해서 딱 10번만 하고 멈추는 아이는 드물다. 목표한 계획 자체가 굉장히 달성하기 쉽다 보니 조금 더하는 것이 가능하다.

아무것도 아닌 것처럼 여겨지는 사소한 일들이지만, 아이가 계획표에 적은 내용을 빠짐없이 실천했다면 보상을 해주는 것이 좋다. 소액의 용돈을 준다든지, 자유 시간을 허락해준다든지, 아이가 좋아하는 간식을 건넨다든지 하는 보상이면 충분하다. 습관 계획표를 실천하는 일이 몸에 배면 한두 달 후에는 아이가 외적 보상보다 내적 보상을 받게 된다. 나도 해낼 수 있다는 자신감과 성취감이 생기고 자존감이 높아진다. 무엇보다 점점 엄마의 잔소리에 의해 움직이던 아이에서 자기 주도적인 아이로 변하기 시작한다. 이런 상태에 이르면 아이가 이제 본격적으로 자기 주도 학습을 시작할 준비가 되었다고 봐도 무방하다.

자기 주도 학습을 위한 계획표 만들기

공부를 효율적으로 하기 위해서는 계획표 세우기가 매우 중요하다. 공부할 것은 많은데, 시간은 언제나 한정적이기 때문이다. 아이들이 공부하는 모습을 살펴보면, 한 과목을 집중해서 하기보다는 10분 단위로 과목을 바꿔가며 공부하는 경우가 많다. 공부해야 하는 절대량이 많다 보니 조바심이 생겨서 무엇 하나에 집중하지 못하는 것이다.

이럴 때 계획표를 세워 공부하면 공부한 양과 진도 등을 한눈에 체크할 수 있어 한 가지 공부에 전념할 수 있다. 계획표를 잘 만들 줄 아는 것은 자기 주도 학습 능력의 기본 발판이 되므로 효율적으로 공부 계획을 짜는 방법을 아이에게 우선적으로 알려줘야 한다. 공부 계획표를 세울 때 유의할 사항들은 다음과 같다.

무리한 목표 세우지 않기

계획표를 만들 때에는 의욕이 넘쳐 자신의 능력보다 다소 무리한 목표를 잡게 된다. 이는 작심삼일의 주된 원인이다. 따라서 계획표를 만들기에 앞서 아이가 자신의 학습 수준을 파악하게 해서 적정 수준의 목표를 세울 수 있도록 도와야 한다.

시간이 아닌 하루 학습량을 목표로 정하기

일반적으로 공부 계획은 시간 단위로 끊어서 세운다. 예컨대 '4~5시에는 수학 공부하기, 5~6시에는 영어 공부하기'로 세우는 식이다. 하지만 시간 단위로 공부 계획을 세우면 시간에 쫓겨서 집중력을 발휘하기도 힘들고, 자칫 시간 때우기 식의 공부가 될 확률이 높다. 따라서 시간이 아닌 학습량으로 목표를 설정하도록 한다. 만일 목표한 학습량을 다 마쳤는데도 시간이 남았다면 나머지 시간은 아이가 자유롭게 쓰도록 허락한다. 또한 공부 계획표는 주간 단위로 세우게 한다. 상대적으로 심리적 부담이 덜할 뿐만 아니라, 계획을 다 지키지 못했을 경우에는 그다음 주에 새로운 마음을 가지고 다시 공부에 도전할 수 있기 때문이다.

실천 여부 매일 체크하기

매일 자신이 얼마나 계획을 잘 이행했는지 체크하게 한다. 실천 여부를 체크함으로써 자신에게 맞는 적정 공부량도 확인할 수 있고, 성취감도 느낄 수 있다. 만일 계획대로 실천하지 못했을 경우, 반성하는 시간을 가질 수도 있다. 공부는 결국 자신과의 약속이다.

자기 주도 학습 능력 향상을 위한 계획표 예시

	영역	목표량	월	화	수	목	금	토	일
1	독서	30분(책 제목과 쪽수 적기)							
2	숙제	선생님이 내주실 때마다							
3	문제집 풀이	수학 4쪽 풀기							
		국어 4쪽 풀기							
4	영어	듣기 20분							
		단어 5개 암기							
5	피아노	레슨 곡 2번씩 연주							
6	줄넘기	매일 300개							

아이가 계획표를 세워 공부를 시작했다면 부모는 칭찬과 격려를 아끼지 말아야 한다. 계획을 세워 실천하는 일은 어른도 해내기 힘들다. 만일 아이가 계획을 잘 지키지 못했다고 해도 비난하기보다는 "○○가 이번 주에는 비록 계획표대로 공부를 하지 못했지만, 이러이러한 점을 고치면 다음 주에는 더욱 잘할 수 있을 거야"라고 이야기해주며 다시 시작할 수 있는 용기를 북돋워줘야 한다. 지금도 충분히 잘하고 있으며, 앞으로 더욱 좋아질 것이라는 희망을 아이에게 건네주는 것이다.

숙제는 자기 주도 학습의 출발점이다

영국 골드스미스대 교수이자 심리학자인 소피 본 스텀Sophie von Stumm 은 학업 성취도에서 개인차를 유발시키는 요인을 다룬 기존의 연구 200건을 메타 분석한 바 있다. 그 결과, 학업 성취도에서 개인차를 유발시키는 요인은 크게 '지능', '호기심', '성실성'이라는 사실을 밝혀냈다. 스텀의 연구 결과를 들먹이지 않더라도, 우리는 공부를 잘하기 위해서는 성실성이 밑바탕이 되어야 한다는 사실을 경험적으로 알고 있다.

성실성은 자기 주도 학습의 또 다른 명칭일 뿐이다. 학교생활에서 성실성이 가장 잘 드러나는 부분은 '숙제'이다. 숙제는 성실성을 키워주기에 가장 좋은 도구이기도 하다.

교사 입장에서 숙제를 안 해오는 아이는 불성실해 보일 수밖에 없다. 게다가 요즘은 학교에서 내주는 숙제의 양이 이전보다 적은 편이다. 최소한의 숙제마저도 하지 않는 아이는 자기절제력과 성실성이 부족해 보인다. 또한 숙제를 안 해온 아이들은 갖은 이유를 들며 숙제를 못한 까닭을 설명하곤 하는데, 이런 모습이 반복되면 책임감이 결여되어 보인다.

아이는 숙제를 통해 싫은 것을 참고 해내는 능력을 기를 수 있을 뿐만 아니라 문제해결력을 기를 수 있다. 숙제는 대부분 기한이 있기 마련이다. 다음 날까지 해오라는 숙제가 있는가 하면, 일주일 정도의 여유 시간이 주어지는 숙제도 있다. 숙제가 주어지면 자신에게 주어진 시간과 동원할 수 있는 역량을 파악하여 숙제를 해결할 전략을 세워야 한다. 이 과정을 스스로 해낼 수 있는 아이는 기본적으로 자기 주도 학습 능력을 갖춘 셈이다. 가급적 아이 혼자서 이 과정을 수행해내어 숙제를 스스로의 힘으로 할 수 있는 능력을 기르는 것이 좋다.

만일 아이가 숙제를 하기 싫어한다거나 잘 하지 않는 아이라면 다음의 몇 가지 경우에 해당하지 않는지 짚어봐야 한다. 먼저 아이가 자신에게 주어진 숙제가 무엇인지도 모르고 어떻게 해야 하는지도 모르는 경우이다. 이런 경우는 저학년 중에서도 기초 학습 능력이 떨어지는 아이들에게 많이 나타나는데 부모의 도움이 절대적으로 필요하다. 숙제가 뭔지 잘 알아올 수 있는 방법을 강구해주고, 숙제의 난이도나 양을 고려하여 해결 전략을 세워주는 데 부모의 손길이 필요하다. 그렇다고 해서 부모가 숙제를 대신 해주는 것은 절대 금물이다. 도움을 주더라도 아이가 성취감을 맛볼 수 있도록 돕는 것이 지혜롭다.

어떤 아이들의 경우에는 시간이 너무 부족해서 숙제를 못 하기도 한다. 요즘 아이들은 학교 외에도 여러 개의 학원을 다니다 보니 앉아서 숙제할 시간이 없는 경우도 허다하다. 심지어 학교 수업 시간에 학원 숙제를 하는 아이들도 적지 않다. 이런 아이들은 학원에서는 학교 숙제를 하고 있을 확률이 높다. 아이가 학교 숙제도 못 할 만큼 바쁘게 학원을 돌고 있다면 학원 스케줄을 조정해서라도 숙제할 시간만큼은 확보해주는 것이 바람직하다.

저학년 때 숙제하는 습관을 잘못 들인 경우에도 숙제를 잘 안 해온다. 저학년 때 학교 숙제는 '해도 그만, 안 해도 그만'이라는 인식을 쌓은 아이는 고학년이 되어서도 숙제를 잘 안 한다. 저학년 때부터 숙제를 철저히 해가는 습관을 들이면 고학년이 되어도 자연스럽게 숙제를 꼬박꼬박해가는 아이가 된다. 무슨 일이든지 첫 단추를 어떻게 끼우는지가 중요하단 사실을 잊지 말자.

15

5학년의 법칙
5학년은 초등학교 생활의 변곡점이다

　학부모들은 잘 모르지만 교사들 세계에서 가장 인기 없는 학년은 5학년이다. 물론 대체적으로는 1학년이나 6학년 담임을 힘들다는 이유로 많이 기피한다. 초등학교 1학년 담임교사는 〈극한 직업〉이라는 방송 프로그램에도 소개될 정도로 1학년은 많은 교사들이 힘들어하는 학년이지만, 1학년 아이들의 순수한 모습이 좋다는 교사들도 있다. 특히 연배가 있는 교사들이 1학년 담임을 많이 선호한다. 6학년은 생활지도 하기가 너무 힘들다고 호소하는 교사들도 있지만, 이 정도 학년이 되면 교사가 하는 말이 무엇이든 잘 알아듣고 상호 소통이 가능하다. 수업다운 수업을 할 수 있다는 이유, 제자가 남는다는 이유로 6학년을 선호하기도 한다. 특히 젊은 교사들이 6학년 담임을 많이 선호하는 편이다.

이에 반해 5학년은 찬밥 신세이다. 교사 입장에서 뭐 하나 매력적인 부분이 없다. 아이들은 자기들이 이제 다 큰 어른인 줄 알고 날뛰기 시작한다. 성장이 빠른 아이들은 5학년 무렵부터 사춘기가 시작된다. 어린이의 순수함은 잃었고, 그렇다고 6학년의 성숙함은 찾아볼 수 없는 아이들이 5학년이다. 이뿐만이 아니다. 학부모들의 관심도 제일 떨어지는 학년이 바로 5학년이다. 학부모들의 관심은 초등학교 1학년 때가 가장 높다. 이후 학년이 올라갈수록 점점 관심이 떨어지다가 졸업 학년이라는 특수성과 중학교 입시가 맞물려 6학년 무렵에 관심이 반짝 상승한다. 교사 입장에서 수업 부담이 어느 학년보다 큰 학년이 5학년이기도 하다. 6학년과 더불어 5학년은 수업 시수가 전 학년을 통틀어 가장 많다. 그런데 6학년 담임교사를 하면 학교 업무에 있어서 많은 배려를 받게 되는 편인데 5학년 담임교사는 딱히 그렇지 못하다.

그런데 아이러니하게도 여러 지점에서 서운한 취급을 받는 5학년이 사실은 초등학교 생활의 변곡점이다. 어찌 보면 가장 중요할 수 있는 학년임에도 불구하고 현실에서는 가장 푸대접을 받는 것이다. 따라서 초등 5학년은 그 어느 때보다 부모의 지혜가 필요한 시기이다.

초등학교 시절의
진정한 위기, 5학년

"선생님! 큰 걱정이 생겼네요."

"왜요?"

"4학년부터는 공부가 어려워져서 공부 열심히 해야 한다는데요."

"4학년부터 공부가 어려워진다고 하던가요?"

"저도 잘 모르겠는데 주위에서 다들 그렇게 얘기하더라고요. 학원에 안 보내던 엄마들도 4학년부터는 보내야 한다고들 하니까 저도 많이 불안해지네요. 선생님! 어떻게 해야 하죠?"

4학년 담임을 하면서 학부모 면담 때 많이 주고받았던 대화이다. 자녀가 4학년이 되면 부모들은 왠지 모를 중압감에 휩싸이는 듯하다. '이제 본격적으로 공부를 시켜야 하지 않을까?', '학원이라도 보내야 하지 않을까?' 하는 걱정들을 정말 많이 하는 것 같다. 더군다나 항간에 '4학년 성적이 평생을 결정한다'라는 말까지 나도니 불안하기 짝이 없는 것이다.

하지만 이런 학부모들의 불안감은 잘못된 풍문을 듣고 미리 불안해하는 셈이다. 초등학교에서 가장 큰 위기가 찾아오는 시기는 4학년이 아니라 5학년인데도 학부모들은 근거도 없이 아이가 4학년이 되면 불안해한다. 이런 불안감은 조급증으로 이어지고, 조급증은 자칫 자녀의 공부를 망칠 우려가 크다. 부모가 먼저 현실을 제대로 알고 심리적 안정과 뚜렷한 주관을 가져야만 아이도 안정감을 가지고 차분하게 공부를 할 수 있다.

아이의 발달 특성에서
비롯되는 5학년의 위기

사춘기의 도래와 반항의 시작

요즘 아이들은 전에 비해 사춘기가 이르게 찾아오는 편이다. 빠른 아이들은 4학년부터 시작하지만 대체로 5학년 무렵 사춘기에 접어든다. 여자아이들은 더욱 그러하다. 5학년이 되면 아이들에게서는 어린이다움보다는 청소년다움이 더욱 느껴진다. 청소년기의 대표적 특징은 권위에 대해 반항적 태도를 보인다는 점이다. 이런 이유로 자녀가 5학년이 되면 많은 부모들이 공부를 못 가르치겠다고 손사래를 치곤한다. 교과 내용이 한층 어려워지는 까닭도 있지만, 이보다는 아이들이 부모의 말을 순순히 듣지 않기 때문이다. 4학년 때까지만 해도 부모가 시키면 하기 싫더라도 어쩔 수 없이 공부하던 아이들도, 5학년부터는 본격적으로 반항을 시작한다. 공부해야 하는 이유에 대해 자기 나름대로의 당위성을 찾지 못하면 부모가 시킨다고 해서 무조건 따라 하지 않는다.

그 무렵 아이들은 교사나 부모의 말에 "왜요?", "왜 그래야 하는데요?"라며 따지고 들기 시작한다. 안 그러던 아이가 갑자기 이러면 부모의 태도는 크게 둘로 나뉜다. 어떤 부모는 아이가 반항한다고 생각해서 아이를 더욱 강하게 틀어쥐려고 한다. 그 결과 자녀와의 관계가 소원해진다. 이때 소원해진 관계를 이후에 회복하지 못하면 자녀와 '평생의 원수지간'처럼 지내기도 한다. 혹은 돌변한 아이를 감당하기 어려워서 처음부터 손을 놓아버리는 경우도 있다.

어느 쪽이든 문제해결에는 도움이 되지 않는 태도들이다. 아이가 자기 목소리를 내기 시작했다면, 부모는 사고를 전환할 필요가 있다. 아이가 자꾸 "왜요?", "왜 그래야 하는데요?"라며 사사건건 따지고 들기 시작했다면, 이것을 반항으로만 여기지 말고 아이가 비로소 자기만의 사고를 가진 성인으로의 도약을 시작했다는 신호로 받아들여야 한다.

패거리를 형성하는 여자아이들

사춘기에 접어들면 남자아이들보다 여자아이들이 부모의 속을 더 긁어놓곤 한다. 여자아이 엄마들은 이 무렵 눈물을 흘리는 일이 잦다. 아이의 교우 관계 때문이다. 5학년 무렵부터 여자아이들 사이에서는 '패거리' 형성이 유독 심해진다. 같은 반 여자아이들이 몇 개의 그룹으로 나뉘어져서 각 그룹들 사이의 알력 다툼이 아주 심해진다. 정치판에서 여당과 야당이 이합집산하는 행태보다 심하면 심했지 결코 덜하지 않다. 이런 패거리 문화 속에서 많은 다툼이 벌어지고, 때로는 학교 폭력으로까지 이어지곤 한다. 패거리 문화에 휩쓸리다 보면 연예인이나 친구 관계 등에 지나치게 빠져들어서 공부와는 담을 쌓게 된다. 물론 이 시기를 지나가는 바람처럼 거치고 다시 제정신을 차리는 아이들도 있지만, 그렇지 않은 경우에는 중·고등학교 시절까지 오랜 시간 방황하기도 한다.

형식적 조작기

피아제의 인지 발달 단계에 따르면 5학년은 구체적 조작기에서 형식적 조작기로 넘어가는 학년이다. 구체적 조작기에 있는 아이들이 뭔가를 배우기 위해서는 손으로 직접 조작을 해봐야 하지만, 형식적 조작기에 있는 아이들은 직접 해보지 않아도 머리로 이해할 수 있다. 이런 발달 단계적 특징을 감안해서 만들어진 것인지는 모르겠지만, 5학년 때 배우는 수학과 과학 내용 중에는 추상적 정보들이 유독 많이 등장한다. 형식적 조작기에 접어든 아이들은 이런 추상적 내용들을 배우는 데에 큰 무리가 없지만, 구체적 조작기에 머물러 있는 아이들의 경우 학습에 너무 큰 고통이 수반된다. 그런데 5학년 아이들 상당수가 여전히 구체적 조작기에 머물러 있다. 따라서 이 시기에도 조작적 활동을 많이 가미해서 가르쳐야 할 필요가 있다. 구체적 조작기에 머물러 있는 아이에게 자꾸 머리로만 하는 공부를 시키면 아이가 공부에 흥미를 잃어 영영 담을 쌓을 수도 있다.

교과 특성에서 비롯되는 5학년의 위기

5학년 때에는 먼저 내 아이의 수준을 파악하는 일이 선행되어야 한다. 그때까지 배운 교과 내용을 아이가 착실하게 학습해오지 않았다는 판단이 들면, 우선은 그간에 배운 중요한 개념들을 복습해야 한다. 왜냐하면 5학년부터 본격적으로 교과 내용이 어려워지기 때문에 이 무렵까지 기본 개념이 확실히 잡혀 있지 않은 아이의 경우, 공부를 아예 '포기'하게 되기 때문이다. 일반적으로는 4학년부터 교과 내용이 어려워진다고 알려져 있는데, 5학년부터 현격하게 어려워진다.

국어

이 무렵 국어 교과서에는 아이들이 어려워하는 문법이 등장하기 시작한다. 예컨대 문장을 구성하는 요소인 주어, 목적어, 서술어 등이 소개된다. 또한 4학년까지는 시나 이야기 등 문학 장르의 글이 많았다면, 5학년부터는 설명문이나 논설문 등 비문학 장르의 글도 많이 등장한다. 설명문이나 논설문을 보면서 이유나 논거 등을 찾아본달지 토론하는 수업을 자주 하게 된다. 더 나아가 4학년까지는 글에 직접 드러나는 내용만 이해하면 됐지만, 5학년부터는 글을 읽고 직접 드러나 있지 않은 내용을 추론해보는 문제도 등장한다.

수학

수학은 5학년 수업 내용이 어려워졌음을 체감할 수 있는 교과이다. 더불어서 가장 신경을 곤두세워야 하는 과목이다. 5학년 때 수학을 포기하는 학생들이 대거 등장하기 때문이다. 한국교육개발원 자료에 따르면, 우리나라 초등학생들의 입학할 때 수학 수준은 1.8학년이지만 졸업할 때의 수학 수준은 4.2학년이라고 한다. 또한 수학을 포기한 아이들을 대상으로 설문 조사를 해보면 아이들은 전 학령기에 걸쳐 총 4번의 수학 포기 시점을 맞이한다고 한다(초등학교 5학년, 중학교 2학년, 고등학교 1학년, 고등학교 2학년). 수학 포기의 1차 관문이 초등학교 5학년인 셈이다.

수학 교과에는 '수와 연산', '도형', '측정', '규칙성', '자료와 가능성' 등 총 5개의 학습 영역이 있다. 이 중 초등학교에서 수와 연산 영역이 차지하는 비중이 50% 정도 된다. 초등학교에서 배우는 수는 자연수와 분수이다. 아이들은 자연수는 쉽게 생각하지만, 분수는 굉장히 어렵게 생각한다. 자연수는 4학년 때까지 배우고 마친다. 분수는 3학년부터 조금씩 배우기 시작하지만, 실제로 배우는 학년은 5학년이다. 5학년 수학 교과서는 분수로 도배가 됐다고 해도 과언이 아니다. 그렇기 때문에 5학년 수학은 분수를 모르면 포기할 수밖에 없다. 4학년 때까지만 해도 수학이 싫지만 참으면서 공부하던 아이들도 5학년이 되면 수학을 포기한다. 실제로 6학년이나 중학교 1, 2학년 중에서 수학을 포기한 아이들의 수학 실력은 대부분 5학년 단계에서 멈춰져 있다. 5학년 수학은 마음의 준비를 단단히 하고 공부하는 것이 좋다.

사회

사회 역시 아이들이 5학년이 되면 부쩍 어려워하는 과목이다. 이때부터 역사와 경제를 배우기 때문이다. 역사에 흥미를 느끼는 아이들도 있지만 흥미를 느끼지 못하는 아이들은 처음부터 두 손 두 발을 다 든다. 경제도 4학년 때와는 차원이 다른 내용을 접한다. 4학년 때까지 배우는 경제 내용은 용돈이나 가계부 정도에 그쳤지만, 5학년 때 배우는 경제 내용은 '세계 속의 우리 경제'처럼 이전과 차원이 다른 이야기로 급진전된다.

4학년 때까지는 독서에 의한 배경지식의 차이가 아이들 사이에서 뚜렷하게 드러나지 않는다. 그러나 5학년부터는 다양한 분야의 독서를 얼마나 깊게 했느냐에 따라서 사회 과목에 대한 이해도 차이가 많이 난다. 배경지식이 적은 아이들은 대체로 교과서 내용을 무조건 달달 외우려고 하는 경향이 있는데, 사회 과목도 암기보다는 내용에 대한 이해가 우선이다. 독서량이 부족하거나 사회 교과 영역에 관심이 적은 아이라면 참고서를 외우게 하는 것보다는 그림이 많이 들어간 한국사 동화책이나 세계사 만화책 등을 읽히는 편이 낫다. 책을 다 읽고 난 뒤에는 그림만 본 것은 아닌지 점검하면서, 교과서와 연결되는 부분을 다시 한 번 짚어주고 책 속에 등장한 인물과 역사적 배경에 대해 이야기 나눠보는 시간을 가질 수 있다면 더할 나위 없이 훌륭한 학습 방법이다.

과학

4학년 때까지 과학 교과는 대부분 실험을 하고 그 내용을 정리하는 수준에서 마무리 된다. 예컨대 전기에 대해 배운다고 치면, 4학년 때에는 건전지를 연결해서 전구에 불을 켜보고 어떤 경우에 불이 켜지는지, 직렬연결과 병렬연결 중에서 어느 쪽 불빛이 더 밝은지 정도만 알면 된다. 하지만 5학년이 되면 4학년 때 배운 내용을 바탕으로 전기 회로도에 관해서 배운다. 회로도를 그릴 줄 알아야 하고, 회로도를 보고 해석할 줄도 알아야 한다. 아이들이 무척 당혹스러워하고 어려워하는 것은 당연하다. 지구과학 영역의 경우에도 4학년 때에는 이야기를 통해 별자리를 배웠다면, 5학년 때에는 본격적으로 태양계에 관해 배운다. 이때 배운 내용을 기초로 해서 6학년 때에는 자전과 공전 등에 대해서도 배운다. 이처럼 학년이 올라갈수록 점차 이론적인 내용을 배우는 데 치우칠 수밖에 없는데, 형식적 조작기 단계에 들어서지 않은 아이들은 이때 배우는 내용들을 굉장히 어려워한다. 따라서 전기 회로도나 태양계와 같은 이론적인 내용은 가정에서도 관심을 가지고 아이에게 친절하게 설명해주는 것이 필요하다.

이렇게 전반적으로 교과 내용 수준이 높아지는 이유는 아이들의 인지 수준이 구체적 조작기의 단계에서 형식적 조작기의 단계로 바뀐다고 전제하기 때문이다. 하지만 아이들 중에서는 초등학교 5학년이 되어서도 여전히 구체적 조작기에 머물러 있는 아이들이 적지 않고, 이런 아이들은 교과 내용 수준이 확 올라간 교과서를 보면 심리적 충격에 빠질 수밖에 없다.

아이의 진정한 실력이 드러나는 5학년

초등학교에서 저학년 성적은 아이의 실력이라기보다 엄마의 실력인 경우가 많다. 하지만 5학년부터는 그렇지 않다. 이때부터는 자기 실력이 뚜렷하게 드러나기 시작한다. 이때 얻은 성적이 이후에도 쭉 이어지는 경우가 많다.

초등학생들의 성적은 그야말로 널뛰기이다. 물론 꾸준히 성적을 유지하는 아이들도 있지만, 대개의 경우 시험을 볼 때마다 반에서 10등, 심지어 20등 정도까지 왔다 갔다 하는 것이 예사이다. 특히 이런 성적의 널뛰기 현상은 저학년과 남자아이들에게서 뚜렷이 나타난다.

하지만 5학년부터는 양상이 조금씩 달라진다. 그렇게 널뛰기를 하던 아이들의 성적이 조금씩 안정되는 경향을 보이기 시작한다. 4학년 때까지만 해도 중간고사에서는 20등 하던 아이가 기말고사에서는 5등 하는 경우를 심심치 않게 찾아볼 수 있다. 하지만 5학년부터는 이렇게 극적인 변화를 보이는 아이들이 거의 사라진다. 5학년부터는 점점 실력 차가 성적 차로 나타나기 때문이다. 그전까지만 해도 시험 전날 공부를 얼마나 했는지 또는 당일 컨디션은 얼마나 좋은지 등 일시적인 요인이 성적에 많은 영향을 주었다면, 5학년부터는 평소에 얼마나 성실하게 공부했는지가 점점 중요해진다. 교과 내용의 난이도가 올라가고 공부해야 할 분량이 폭발적으로 늘기 때문이다.

5학년 때 성적은 거의 그대로 고착되어 이후에 잘 변하지 않는다. 5학년 때 성적은 향후 중·고등학교 때 성적으로 이어질 가능성이 높다. 저학년 때 시험 한 번 잘 보고 못 보는 것은 크게 신경 쓰지 않아도 되지만, 5학년부터는 아이의 성적을 세심하게 살펴야 한다. 성적이 떨어졌다면 왜 떨어졌는지 이유를 제대로 알고 적극적으로 대처해야 하는 시기이다. 5학년 성적이 그야말로 평생 성적을 좌우할 수 있기 때문이다.

알고 보면 어렵지 않은 5학년 공부법

뭐든지 알고 나면 한결 쉽다. 때문에 조급해하지도 않게 된다. 준비되지 않은 사람에게는 두려움이 엄습하지만, 준비된 사람에게는 기대감이 생기기 마련이다. 아이들의 초등학교 5학년 생활도 그렇다. 다음의 몇 가지 공부법을 통해 초등학교 생활의 변곡점, 5학년 시기를 가뿐하게 준비해보자.

자기 주도 학습 능력 키우기

5학년이 되기 전에 자기 주도 학습 능력을 길러주어야 한다. 5학년 때 성적이 급격히 떨어지는 아이들 중 대다수가 자기 주도 학습 능력이 갖춰지지 않은 아이들이다. 그전까지 부모의 강압에 의해서 그럭저럭 공부하던 아이들은 사춘기와 맞물려서 부모의 통제력이 급격히 떨어짐과 동시에 폭발적으로 늘어난 교과 내용을 감당하지 못해 공부에서 멀어지고 만다. 따라서 저학년 때부터 스스로 공부하는 습관을 들여야 한다. 공부하는 분량은 중요하지 않다. 부모의 강압에 못 이겨서 3시간 동안 억지로 공부하는 것보다 자발적인 동기로 스스로 1시간 동안 공부하는 편이 장기적인 관점에서 훨씬 좋다.

공부 스타일 찾기

5학년 정도 되면 자기만의 공부 스타일을 찾아야 한다. "저는 아침에 일찍 일어나서 하는 공부가 잘되는 것 같아요", "학교에 갈 때 수첩에 안 외워지는 부분을 적어서 중얼거리다 보면 금방 외워져요", "학원보다는 도서관에서 혼자 공부하는 것이 훨씬 잘돼요" 등 이 무렵이 되면 아이의 기질이나 성향에 따라 자신에게 맞는 공부 방법이 대강 윤곽을 드러낸다. 그전까지 여러 가지 방법으로 공부를 해본 뒤, 이 무렵부터는 자기에게 가장 잘 맞는 방법이 무엇인지 찾아 자기 것으로 습관화 시켜야 한다. 그래야만 중·고등학교 시절에 흔들림 없이 공부를 해나갈 수 있다.

꾸준히 독서하기

5학년이 되어도 꾸준한 독서는 계속 이어져야 한다. 많은 부모들이 저학년 때에는 책도 많이 사주고 독서에 깊은 관심을 갖다가도, 아이가 고학년이 되면 언제 그랬냐는 듯 무관심해진다. 심지어 자녀가 책을 읽고 있으면 공부나 하라면서 책을 못 읽게도 한다. 하지만 고학년이 될수록 독서는 더욱더 필요하다. 올바른 가치관을 정립하기 위해서도 그렇고, 좀 더 수준 높은 독서 단계로 나아가기 위해서도 그렇다. 탄탄한 독해력 없이는 수능에서 절대 좋은 성적을 거둘 수 없다. 독해력은 다독 없이는 얻을 수 없는 능력이라는 점을 꼭 명심하자. 특히 이 시기에는 전기를 읽을 것을 권한다. 고학년에 접어들어서 전기를 많이 읽으면 위대한 인물의 삶을 본받을 수 있기도 하거니와, 그 인물이 살았던 당시 시대적 상황에 대한 배경지식을 많이 쌓을 수 있다. 덕분에 역사를 배울 때 큰 도움이 된다.

실력에 맞지 않는 선행 학습 피하기

아이 실력에 맞지 않는 선행 학습은 피해야 한다. 보통 부모들은

5학년 때부터 중학교 선행 학습이 필요하다고 판단한다. 중학교 때부터는 교과목 수도 많아지고 성적도 등수로 표시되어 나오기 때문에 5~6학년 때 미리 준비하지 않으면 안 된다고 생각하고 지레 겁을 먹는다. 그런 이유로 기초도 잡히지 않은 아이에게 어려운 중학교 내용부터 배우게 하는 경우가 있다. 하지만 중학교 교과는 초등 교과의 개념이 잡혀 있지 않으면 이해하기가 힘들기 때문에 오히려 아이가 공부를 아예 포기하게 되기 십상이다. 따라서 중학교 교과 과정을 선행학습하기보다는 확실하게 초등 교과 과정을 이해하고 넘어갈 수 있도록 복습과 개념 다지기에 집중하는 것이 더 중요하다.

방학 이용하기

만약 아이가 5학년 과정을 어려워한다면 방학을 잘 이용하길 바란다. 5학년 겨울방학은 아이 성적의 중대한 갈림길이다. 만약 아이가 5학년 교과 과정을 어려워한다면 반드시 겨울방학 때 5학년 교과과정에 대한 다지기를 할 것을 강력히 권한다. 만약 이때 제대로 다지기를 하지 않고 선행 학습을 해버리면 좀처럼 돌이킬 수 없는 결과를 맞이하게 된다. 수학은 특히 더 그렇다. 부모의 재빠른 판단과 용단, 자녀의 상태를 제대로 파악할 줄 아는 관찰력이 그 어느 때보다 필요한 시기이다. 하지만 '가장 늦었다고 생각될 때가 가장 빠른 때'라는 말이 있듯이 5학년이라고 해서 결코 아이의 학습에 있어 늦은 시기가 아니다. 지금부터라도 잘 준비해도 충분하다.

TIP 5학년을 넘기기 전에 교과별로 꼭 갖춰야 할 능력

국어

▶ 글을 읽고 요약하기 및 주제 파악하기

글의 종류와 관계없이 하나의 글을 읽고 그 글을 간단하게 요약하고 주제를 파악할 수 있어야 한다. 이런 능력을 갖추기 위해서는 먼저 문단을 읽고 문단 요약이 가능해야 한다. 글을 읽고 요약하는 능력은 중·고등학교 때에도 꾸준히 길러야 하는 능력이다. 5학년 수준에서는 교과서에 등장하는 글 정도만 요약할 수 있으면 충분하다. 글을 요약할 줄 아는 능력이 갖춰져야 긴 지문을 읽은 뒤 내용을 제대로 파악했는지 묻는 시험 문제를 풀 수 있다.

▶ 문단을 지어가며 주제가 드러나게 글쓰기

5학년이 되어서도 문단을 짓지 않고 주제도 드러나지 않게 일기를 쓰는 아이들이 많다. 문단을 지어가며 주제가 드러나도록 글을 쓰는 일은 체계적인 사고력과 쓰기 능력이 바탕이 되지 않고서는 어려운 일이다. 이는 일기 쓰기 등을 통해 꾸준히 연습해야 한다. 그래야만 논술 등에서도 자기 의견이 분명하게 드러나는 짜임새 있는 글을 쓸 수 있다.

수학

▶ 분수의 사칙연산

분수를 놓치면 5학년 수학은 안 배운 것이나 마찬가지라고 해도 과언이 아니다. 분수의 사칙연산은 6학년뿐만 아니라 중학교 교육 과정을 이수하기 위한 필수 요소이다. 6학년 때 배우는 분수와 소수의 혼합 계산이나 중학교에 가서 배우는 정수와 유리수의 사칙연산 등은 분수의 개념을 모르고서는 절대 불가능하다.

▶ 도형의 개념과 넓이

다양한 삼각형과 사각형의 개념을 이해하고 넓이를 구할 줄 알아야 한다. 개념은 이해할 수 있을 뿐만 아니라 그 의미를 달달 외울 줄 알아야 한다. 또한 '도형의 넓이'는 공식뿐만 아니라 넓이를 구하는 과정도 중요하다. 삼각형과 사각형 개념을 잘 모르면 넓이를 구하는 것도 어렵다. 만약 이 개념들을 잘 모른다면 4학년 교과 과정에 삼각형과 사각형 개념들에 대해 자세히 소개되어 있으니 이를 다시 한 번 복습하는 것이 좋다. '도형의 넓이'는 이후 6학년 때 배우는 '원의 넓이'나 '입체 도형의 넓이'의 기초가 된다.

사회

▶ 한국사의 흐름에 대한 개략적인 이해

한국사는 4학년 때 살짝 맛보기를 하고, 5학년 때부터 본격적으로 배우기 시작한다. 아이들이 머리가 터질 것 같다고 울부짖는 영역이기도 하다. 이때 한국사의 흐름을 이해하는 데 도움이 될 만한 책들을 읽혀서 배경지식을 쌓을 수 있도록 해야 한다. 한국사는 중학교 2, 3학년 때 다시 자세히 배우게 되는데, 초등학교 5학년 때 한국사 공부의 밑바탕을 잘 닦아놓으면 중학교에 가서 큰 도움이 된다.

▶ 우리나라에 대한 전반적인 이해

우리나라의 자연환경, 여러 지역의 모습, 우리의 경제 등 다방면에 걸쳐서 우리나라에 대한 이해가 있어야 한다. 이를 바탕으로 6학년 때에는 세계로 시야를 넓혀 사회 교과를 배우게 된다. 우리나라의 정치, 경제, 역사, 문화, 지리 등을 주제로 다룬 다양한 관련 도서를 많이 읽고, 기회가 닿는다면 박물관 등을 많이 방문해볼 것을 권한다.

과학

▶ 지구와 우주에 대한 이해

5학년 때 새롭게 배우게 되는 과학 교과 내용 중에서 아이들이 가장 어려워하는 부분이 지구과학이다. 특히 5학년 때 처음 등장하는 태양계에 관한 내용부터 철저히 이해할 필요가 있다. 서점에 가서 지구나 우주를 주제로 한 과학 도서들 중에서 수록된 도판이나 사진이 좋은 책들을 찾아서 읽으면 학습에 큰 도움이 된다. 태양계는 중학교 2학년 때 좀 더 깊이 있게 배우게 된다.

▶ 스스로 실험을 설계해서 실험하기

5학년 정도 되면 간단한 실험은 스스로 할 줄 알아야 한다. 이때 가장 문제가 되는 부분이 실험 설계이다. 실험 설계를 할 때 가장 중요한 요소는 가설 검증과 실험 통제 부분이다. 예컨대 식물과 물의 관계를 알아보는 실험을 계획했다면 '물을 주지 않았을 때 식물은 어떻게 될 것이다'라는 가설을 설정할 줄 알아야 한다. 실험 통제는 그 가설을 검증하기 위해 물을 제외한 나머지 조건들은 동일하게 만들어주는 것이다. 이처럼 간단한 실험 정도는 스스로 설계해서 할 줄 알아야 한다.

16

고전의 법칙

무슨 책을 읽는지에 따라
아이의 미래가 결정된다

필자가 근무하는 학교에서는 전교생이 6년 동안 100권의 책을 읽고 졸업하는 '동산초 고전 읽기 프로그램The Great Book Dongsan Program'을 10년 가까이 진행해오고 있다. 이 프로그램을 오랫동안 운영해오면서 내린 결론은 '아이들에게 꼭 책 중의 책인 고전을 읽혀야 한다'라는 사실이었다.

송재환 선생님께

선생님 안녕하세요. 고등학교에 입학한 뒤로는 선생님을 한 번도 찾아뵙질 못했네요. 그동안 벌써 4년이란 시간이 지났네요. (중략) 선생님께서 제가 6학년 때 매일매일 논어 한 구절이나 잠언 한 장을 읽으라고 하셨던 것이 아직도 생각이 나서, 지금까지도 잠언은 꾸준히 읽고 있어요. 선생님 그때 그렇게 가르쳐주신 것, 너무너무 감사드려요. 평생 갈 수 있는 좋은 습관을 만들어주신 거잖아요. 그런 선생님은 정말 흔치 않아요. (후략)

이 편지는 필자가 6학년 때 가르쳤던 한 아이가 서울대에 합격했다며 인사 차 찾아와서 건네주고 간 편지의 일부이다. 이 아이는 『논어論語』, 『잠언箴言』처럼 읽을 만한 가치가 있는 고전을 틈날 때마다 반복해서 읽으라는 선생님의 가르침을 꾸준히 따랐다. 그 결과, 모든 사람들이 부러워하는 대학에까지 입학했다.

식물을 잘 자라게 하고 싶다면 밑거름을 많이 주어야 한다. 밑거름을 많이 준 식물과 밑거름을 주지 않은 식물은 처음에는 표가 안 나지만, 자랄수록 점점 차이가 난다. 밑거름을 충분히 준 식물은 나중에 튼실하고 탐스러운 열매를 맺지만, 밑거름을 주지 않은 식물은 영양 부족으로 인해 제대로 된 열매를 맺지 못한다. 독서는 공부의 밑거름이다. 그중에서도 고전 읽기는 가장 양질의 밑거름이라고 할 수 있다. 고전을 읽은 아이와 그렇지 않은 아이는 시간이 갈수록 그 차이가 벌어진다.

'전략적 책 읽기'가 필요한 시점

미국에서 이루어진 한 통계조사에 의하면, 미국의 상위 5% 학생들은 하위 5% 학생들에 비해 무려 144배나 많은 시간을 독서에 투자한다고 한다. 그뿐만이 아니다. 교육학자들의 연구에 따르면, 성취욕이 강한 아이들은 여가 시간의 대부분을 독서로 보낸다고 한다. 학업 성취도에 영향을 미치는 가장 중요한 요소도 아이가 독서에 투자한 시간이라고 한다.

이와 같은 연구가 아니더라도, 독서가 중요하다는 사실은 대부분의 사람들이 경험적으로 알고 있기 때문에, 학부모들이 너도나도 앞다퉈 독서 교육에 열을 올리는 것이 사실이다. 아무리 출판업계에 불황이 찾아왔다고 해도, 아동 도서 시장만큼은 불황을 피해간다. 학교 현장에서도 많은 학교들이 아침 자습 시간을 독서 시간으로 활용한다. 아이들뿐만이 아니다. 어른들 사이에서도 독서 소모임을 조직하고 운영하는 일이 유행처럼 번지는 중이다. 참으로 반가운 일이 아닐 수 없다.

하지만 빛이 있으면 그림자도 있는 법. 한 권을 읽더라도 깊이 이해하며 읽는 독서가 권장되기보다는 몇 권의 책을 읽었는지, 얼마나 빨리 읽었는지가 더욱 중시되는 인상이 들어 염려스럽다. 맹목적인 다독과 속독이 강요되면 아이들은 독서를 통해 얻을 수 있는 기쁨을 누리지 못하게 된다. 그뿐만 아니라 독서를 통해 얻을 수 있는 열매들도 거둘 수 없다.

이러한 문제들을 극복하기 위해서는 '전략적 책 읽기'가 필요하다. '얼마나 많은 책을 읽었느냐'보다는 '무슨 책을 어떻게 읽었느냐'를 따져야 하는 것이다. '전략적 책 읽기'는 말 그대로, 독서의 양을 채우기 위해서 아무 책이나 손에 잡히는 대로 읽는 독서가 아닌, 계획적인 독서를 의미한다. 그런 맥락에서 전략적 책 읽기는 '무슨 책을 어떻게 읽을 것인가?'에 대한 답이기도 하다. '무슨 책을 어떻게 읽을 것인가?'라는 질문은 '인생을 어떻게 살 것인가?'라는 질문처럼 우리 삶에서 무척 중요한 문제이다. 왜냐하면 사람이 책을 만들기도 하지만, 거꾸로 책이 사람을 만들기도 하기 때문이다. '보기 드문 지식인을 만났을 때에는 그가 무슨 책을 읽는지를 물어보라'는 미국의 사상가 랄프 왈도 에머슨Ralph Waldo Emerson의 말처럼, 무슨 책을 어떻게 읽었는지를 두고 그 사람의 인생의 짐작해볼 수 있다.

우리 아이들은 현재 어떤 책을 읽고 있는가? 지금 우리 아이가 읽고 있는 책은 아이 인생의 방향을 결정할 방향타이자, 그 아이의 가치관을 형성할 지적 자산이다. 아이는 자신이 읽고 있는 책의 깊이와 넓이만큼 사고한다. 내 아이의 미래가 궁금하다면, 아이의 손에 들린 책이 무엇인지 들여다보자. 아이의 인생을 바꾸고 싶다면, 아이의 손에 들린 책을 바꿔주자.

필자는 자녀가 성공적이고 행복한 인생을 살아가길 소망하는 모든 부모들에게 아이의 손에 '고전古典, The Great Book'을 들려주자고 권하고 싶다. 고전은 오랜 시간의 벽을 뚫고 지금까지도 사랑받는 콘텐츠이다. 고전에는 시공을 초월하는 힘이 있다. 고전에는 어른들도 쉽사리 대답해주지 못하는 철학적인 물음에 대한 답이 담겼다. 이제 우리는 독서의 방법을 기존의 '맹목적 책 읽기'에서 고전 중심의 '전략적 책 읽기'로 전환해야 한다.

고전 읽기의 유익

많은 부모들과 교사들이 초등학생들에게 고전을 읽힌다고 하면 이해가 잘 안 된다는 듯 고개를 갸웃거린다. 『명심보감』, 『논어』, 『갈매기의 꿈』, 『톨스토이 단편선』, 『셰익스피어의 4대 비극』처럼 구체적인 목록을 이야기하면, 더욱 눈을 휘둥그레 뜬다. 이렇게 어려운 책들을 초등학생들이 어떻게 읽겠느냐는 의심을 가득 담은 채로 말이다. 그래서 혹시 이 책들을 읽어보았냐고 반문하면, 열에 아홉은 읽어보지 않았다고 대답한다. 읽어보지도 않고 이 책들이 어려운지 어떻게 아냐고 재차 물으면, 책 이름만 들어도 주눅이 든다고 말한다. 누군가가 우스갯소리로 '고전이란 너무 유명해서 이미 읽은 것처럼 느껴지지만, 알고 보면 읽지 않은 책'이라고 정의 내린 것을 들은 적이 있는데,

그 말이 정말 딱 맞지 싶다. 대부분의 사람들은 고전을 '읽어야 하는 책'이라고만 알고 있지, 실제로 탐독해본 경험이 많지 않다.

하지만 읽어보지도 않고 그저 짐작만으로 '고전은 어려운 책', '고전은 고리타분한 책'이라고 여기기에는 고전 읽기의 효용과 재미가 무궁무진하다. 그리고 필자의 경험상 초등학생들도 얼마든지 앞에서 열거한 고전들을 읽을 수 있다. 부모와 교사가 방향만 잘 잡아주면 아이들은 고전을 굉장히 잘 읽을 뿐만 아니라, 고전 읽기가 가져다주는 긍정적인 효과를 제대로 보여준다.

고전을 읽는 아이들이 보여주는 가장 눈에 띄는 변화는 어휘력과 이해력이 매우 좋아진다는 사실이다. 언어학자들의 연구에 따르면 전 생애에 걸쳐 습득하는 총 어휘의 85%가 사춘기 이전에 습득된다고 한다. 즉, 초등학교 시절은 어휘력이 급진적으로 폭발하는 시기라고 할 수 있다. 이렇게 중요한 시기에 품격 있는 어휘가 풍성히 담긴 고전을 읽은 아이의 어휘력은 그렇지 않은 아이들과 분명히 다른 성장을 보일 것이다.

어휘력과 이해력이 좋아지면 당연히 교과 성적도 좋아지기 마련이다. 필자가 어느 해에 6학년 아이들을 가르쳤을 때, 반 평균 국어 점수가 95점에 달하기도 했다. 학교 차원에서 고전 읽기 프로그램을 진행한 덕분이라고 생각한다. 고전의 유익은 여기에서 그치지 않는다. 고전은 아이들의 생활 습관도 잡아준다. 말끝마다 욕설을 달고 살던 한 아이는 『논어』를 읽은 후에 깨달은 바가 있다면서, 욕을 하지 않으려고 노력하는 모습을 보여주기도 했다.

고전 읽기는 글쓰기 향상에도 도움이 된다. 우리는 흔히 책을 많이 읽으면 글을 잘 쓰게 될 것이라고 생각한다. 부분적으로는 틀린 말이 아니다. 그러나 글을 잘 쓰려면 무조건 책을 많이 읽어야 할 것이 아니라 깊이 있는 사고력을 길러야 한다. 즉, 사고력을 향상시켜주는 책을 읽어야 글을 잘 쓸 수 있다. 사고력을 길러주는 데에는 고전만 한 책이 없다. 고전은 최고의 사고력 훈련서이다.

이렇게 좋은 고전 읽기이건만, 고전은 어렵고 고리타분하다는 편견 때문에 우리는 아이들에게 고전 읽히기를 주저한다. 하지만 다시 한 번 힘주어 말하건대, 고전은 절대 어렵지도 따분하지도 않다. 고전은 오래된 책이 아니다. 오래 살아남은 책이다. 세월을 관통하여 지금껏 살아남았다는 것은 그 안에 어떤 힘이 있다는 뜻이다. 시대를 초월해 그 내용이 새롭게 해석될 수 있는 저력을 가진 콘텐츠라는 뜻이다.

일반 책이 홍삼이라면, 고전은 산삼이다. 홍삼도 우리 몸에 좋은 약재이지만, 효능 면에서 산삼에 비할 바가 못 된다. 일반 책이 아메리카노라면, 고전은 에스프레소이다. 커피 맛의 깊이와 진한 풍미는 아메리카노가 에스프레소를 따라갈 수 없는 것처럼, 고전에는 일반 책에서는 찾아보기 힘든, 시간을 견뎌낸 것들만이 지닌 밀도와 단단함이 가득하다. 따라서 베스트셀러 중심의 책 읽기를 벗어나 시공을 초월한 지혜가 담긴 고전을 우선해서 읽는 전략적 책 읽기가 필요하다.

효과적인
고전 읽기 방법

온전한 형태의 원작Whole book으로 읽히기

자녀에게 고전을 읽히기 위해서는 책 선정이 중요하다. 무엇보다 너무 어렵지 않은 책을 골라야 한다. 보통 한 쪽에 모르는 단어가 5개 이상 나오면 어려운 책이라고 보면 된다. 아이가 어려워하는 어휘가 그 이하라면 집중해서 읽을 경우 충분히 읽어낼 수 있는 책이다. 또한 가급적 아이가 좋아하는 장르의 책을 선정하는 것이 좋다. 더불어서 고전은 온전한 형태의 원작으로 읽히자. 편집본이 아닌 원작만이 줄 수 있는 감동과 깊이가 있기 때문이다. 아동용으로 편집됐다거나, 만화책 형식으로 구성된 것은 적절하지 않다.

조금씩 부모와 함께 읽기

가정에서 아이에게 고전을 읽힐 때 꼭 명심해야 할 원칙이 있다. 바로 '조금씩 부모와 함께 읽기'이다. 만약 아이에게 『명심보감』을 읽히고자 한다면, 같은 책을 부모용과 아이용으로 2권 구입하기를 바란다. 그다음 부모와 아이가 함께 아주 조금씩 읽어나가도록 한다. 하루에 30분 정도 읽힌다고 치면, 매일 5쪽 정도를 두세 번 반복해서 아이와 같이 읽고, 독후 활동으로서 읽은 부분에 대해 함께 이야기를 나누자.

의외로 이 과정을 굉장히 어렵게 생각하는 부모들이 많은데, 아이에게 가슴에 와 닿는 부분에 밑줄을 그으면서 읽으라고 한 후에 밑줄을 그은 이유에 관해 대화를 나누는 식으로 진행하면 한결 수월하다. 또는 아이에게 자신이 읽은 부분에서 질문을 만들어 엄마 아빠에게 물어보라고 권하는 것도 좋은 독후 활동 방법이다. 아이들이 고전 읽기에 실패하는 대부분의 이유는 부모의 욕심과 게으름 탓에 아이 혼자서 무리한 양을 읽게 하고 그냥 내버려두기 때문임을 기억하자.

큰 소리로 읽기

고전을 읽는 또 한 가지의 추천할 만한 방법은 '큰 소리로 읽기'이다. 대부분의 아이들이 책을 읽을 때 눈으로만 읽는다. 눈동자만 움직이면서 조용히 묵독하는 아이의 모습은 엄청난 집중력을 발산하는 중인 것처럼 보인다. 그러나 생각과는 달리 가장 좋지 않은 독서 방법이다. 눈으로만 읽으면 아이의 머릿속에 아무런 흔적이 남지 않을 확률이 높다. 반면에 크게 소리 내어 책을 읽으면 학습 효과뿐만 아니라 발표력도 좋아지고, 의미 단위의 띄어 읽기 능력도 향상된다. 낭독의 힘에 대해서는 다음 장에서 더욱 구체적으로 이야기하겠다.

부모가 직접 읽어주기

부모가 자녀에게 책을 읽어주는 행위는 아이에게 잊지 못할 선물을 선사하는 일이자, 아이의 정신 지도를 알차게 채워주는 일이다. 아이에게 『키다리 아저씨』 원작을 매일 5분씩 읽어준다고 치자. 아마한 권을 다 읽는 데에 최소 6개월에서 길게는 1년 가까이 시간이 걸릴 것이다. 하지만 이렇게 한 권의 책을 오랜 기간 부모가 읽어주면 아이의 가슴속에서 그 책은 평생의 기억으로 머무르게 된다. 아이를 곁에 앉히고 하루에 단 5분이라도 고전을 읽어주자. 엄청난 기적을 체험하게 될 것이다.

반복해서 읽기

많은 아이들이 한 번 읽은 책은 절대 다시 읽지 않으려고 한다. 하지만 고전은 반복해서 읽을수록 그 위력을 더한다. 고전을 반복해서 읽다 보면 책 속에 담겨 있는 구절들이 아이의 인생에서 구체적인 삶의 지침으로 작용한다. 또한 반복해서 읽는 과정에서 묵상하는 힘과 사고력이 남다르게 깊어진다. 『명심보감』을 한 번 읽은 아이와 100번 읽은 아이는 같을 수 없다.

고전 속의 문장들은 같은 문장이라고 할지라도 읽을 때마다 매번 새로운 깨달음을 가져다준다. 조선 제21대 임금 영조英祖는 『소학小學』을 100회 이상 탐독했고, 중국 송나라의 명재상 조보趙普는 평생 『논어』만 읽은 것으로 유명하다. 공자孔子는 책을 매는 가죽끈이 세 번 떨어져 나갈 때까지 『주역周易』을 읽고 또 읽었다고 한다. 앞서 이야기한 옛 성현들의 공통점은 같은 책을 반복하여 여러 번 읽었으되, 많은 책을 읽으려고 하지 않았다는 점이다. 읽을 만한 가치가 있다고 여긴 책(고전)을 반복해서 읽은 것이다.

당송팔대가唐宋八大家(중국 당나라와 송나라의 뛰어난 문장가 8명을 가리키는 말) 중 한 명인 왕안석王安石은 이렇게 이야기한 바 있다. '한 권의 책을 읽은 사람은 그렇지 않은 사람을 부리고, 10권의 책을 읽은 사람은 한 권의 책을 읽은 사람을 다스리며, 100권의 책을 읽은 사람은 세상을 통치한다.' 필자는 왕안석의 말을 이렇게 바꾸고 싶다. '한 권의 고전을 읽은 사람은 그렇지 않은 사람을 부리고, 10권의 고전을 읽은 사람은 한 권의 고전을 읽은 사람을 다스리며, 100권의 고전을 읽은 사람은 세상을 통치한다.'

학년별
추천 고전

앞에서도 언급한 바 있지만, 필자가 근무하는 학교에서는 1학년부터 6학년까지 전교생을 대상으로 한 고전 읽기 프로그램을 10년째 이어오고 있다. 학년별로 매달 1권씩(방학 중에는 2권씩), 1년에 총 17권을 읽어서, 6년 동안 총 100권의 고전을 읽는 프로그램이다.

아이들은 매일 아침 독서 시간과 매주 2시간 정도의 고전 읽기 시간을 활용해 고전을 읽는다. 단순히 고전을 읽는 데에서만 그치지 않고, 다양한 독서 활동을 통해 깊이 있는 고전 읽기를 진행한다. 매달 고전을 읽은 뒤에는, 인증 시험과 고전감상문대회도 치른다. 학년별로 '필사지정도서'도 있다. 고전 속의 문장을 손으로 옮겨 적으면 고전을 한층 더 깊이 읽게 되기 때문이다. 그뿐만이 아니다. 현장체험학습도 고전 읽기와 연계하여 실시하기도 한다.

필자가 근무하는 학교의 고전 읽기 프로그램은 학내에서 운영하는 여러 교육 프로그램들 중에서도 학부모들의 만족도가 가장 큰 프로그램 중 하나이다. 아이들 역시 중·고등학교에 진학한 후, 고전 읽기의 진가를 알게 됐다고 뒤늦은 고백을 해오기도 한다. 다음은 학년별 추천 고전 목록이다.

1학년 추천 고전

월	제목	지은이	출판사	쪽수	영역
3월	틀려도 괜찮아	마키타 신지	토토북	32	문학
4월	아낌없이 주는 나무 *필사지정도서*	쉘 실버스타인	시공주니어	52	문학
5월	책 먹는 여우	프란치스카 비어만	주니어김영사	60	문학
6월	초등 선생님이 뽑은 남다른 속담	박수미	다락원	192	철학
7월	심술쟁이 내 동생 싸게 팔아요!	다니엘르 시마르	어린이 작가정신	60	문학
7월	걸리버 여행기	조나단 스위프트	미래엔아이세움	211	문학
8월	하이디	요한나 슈피리	계림	215	문학
8월	밤티마을 큰돌이네 집	이금이	푸른책들	144	문학
9월	고정욱 선생님이 들려주는 세종대왕	고정욱	산하	105	전기

월	제목	지은이	출판사	쪽수	영역
10월	초등학생이면 꼭 읽어야 할 우리 마음의 동시	김승규(엮음)	아테나	160	시
11월	김용택 선생님이 들려주는 이솝우화 50	김용택(엮음)	은하수미디어	371	문학
12월	어린이 흥부전	서정오	현암사	124	문학
	그림형제 걸작 동화	그림형제	베이직북스	303	문학
1월	김용택 선생님이 들려주는 전래동화 50	김용택(엮음)	은하수미디어	372	문학
	안데르센	안데르센	아이즐북스	247	문학
2월	아라비안나이트	김수연(엮음)	형설아이	212	문학
	3분 고사성어	다움(엮음)	처음주니어	164	철학

2학년 추천 고전

월	제목	지은이	출판사	쪽수	영역
3월	어린이를 위한 우동 한 그릇	구리 료헤이	청조사	157	문학
4월	슈바이처: 아프리카의 성자	정지아	주니어RHK	137	전기
5월	어린이 사자소학 *필사지정도서*	염기원(역음)	한국독서지도회	172	철학
6월	엄마 마중	방정환 외	보리	224	문학
7월	오세암	정채봉	샘터	158	문학
	꿀벌 마야의 모험	발데마르 본젤스	비룡소	258	문학
8월	내 이름은 삐삐 롱스타킹	아스트리드 린드그렌	시공주니어	224	문학
	플랜더스의 개	위다	비룡소	234	문학
9월	심청전	작자 미상	한겨레아이들	108	문학
10월	초등학생이면 꼭 읽어야 할 우리 마음의 동시	김승규(엮음)	아테나	160	시
11월	헬렌 켈러	권태선	창비	184	전기

월					
12월	토끼전	작자 미상	한겨레아이들	111	문학
	15소년 표류기	쥘 베른	삼성출판사	239	문학
1월	로테와 루이제	에리히 캐스트너	시공주니어	232	문학
	샬롯의 거미줄	엘윈 브룩스 화이트	시공주니어	242	문학
2월	이상한 나라의 앨리스	루이스 캐럴	인디고	237	문학
	마틸다	로알드 달	시공주니어	310	문학

3학년 추천 고전

월	제목	지은이	출판사	쪽수	영역
3월	키다리 아저씨	진 웹스터	인디고	272	문학
4월	꽃들에게 희망을 *필사지정도서*	트리나 폴러스	시공주니어	151	문학
5월	명심보감 *필사지정도서*	추적(엮음)	홍익출판사	343	철학
6월	장발장	빅토르 위고	효리원	224	문학
7월	피노키오	카를로 콜로디	시공주니어	272	문학
	오즈의 마법사	L. 프랭크 바움	인디고	310	문학
8월	톰 소여의 모험	마크 트웨인	대교출판	270	문학
	정글 북	러디어드 키플링	보물창고	250	문학
9월	옹고집전	박철	창비	116	문학
10월	국어교과서에 수록된 3, 4학년이 꼭 읽어야 할 교과서 동시	권오삼 외	효리원	160	시
11월	제인 구달 침팬지의 용감한 친구	카트린 하네만	한겨레아이들	128	전기
12월	별(마지막 수업)	알퐁스 도데	인디북	271	문학
	피터팬	제임스 매튜 베리	시공주니어	279	문학

1월	안네의 일기	안네 프랑크	지경사	217	수필
	박문수전	정종목	창비	141	문학
2월	사랑의 학교 1	E. 데 아미치스	창비	208	문학
	파브르 곤충기 1	장 앙리 파브르	현암사	384	과학

4학년 추천 고전

월	제목	지은이	출판사	쪽수	영역
3월	갈매기의 꿈 *필사지정도서*	리처드 바크	현문미디어	105	문학
4월	소나기 *필사지정도서*	황순원	맑은소리	144	문학
5월	소학	주희,유청지(엮음)	홍익출판사	430	철학
6월	열하일기	박지원	파란자전거	169	수필
7월	안중근	조정래	문학동네	166	전기
	80일간의 세계일주	쥘 베른	시공주니어	408	문학
8월	홍길동전	허균	깊은책속옹달샘	167	문학
	박지원 단편집	박지원	계림	142	문학
9월	빨간머리 앤	루시 모드 몽고메리	인디고	507	문학
10월	한국인이 가장 좋아하는 명시 100선	김소월 외	민예원	235	시
11월	탈무드	이동민(옮김)	인디북	283	철학
12월	어린 왕자 *필사지정도서*	생텍쥐페리	인디고	237	문학
	로빈슨 크루소	대니얼 디포	대교출판	261	문학
1월	우리들의 일그러진 영웅	이문열	다림	158	문학
	박씨전	작자 미상	대교출판	197	문학

| 2월 | 아인슈타인과 과학 천재들 | 앤드 스튜디오 | 중앙북스 | 176 | 과학 |
| | 오 헨리 단편선
(마지막 잎새) | 오 헨리 | 인디북 | 207 | 문학 |

5학년 추천 고전

월	제목	지은이	출판사	쪽수	영역
3월	리마커블 천로역정	존 번연	규장	253	문학
4월	위대한 영혼, 간디	이옥순	창비	182	전기
5월	채근담 ＊필사지정도서＊	홍자성	홍익출판사	348	비문학
6월	창가의 토토	구로야나기 테츠코	김영사	288	문학
7월	삼국유사	일연	영림카디널	232	비문학
	삼국사기	김부식	타임기획	322	비문학
8월	나의 라임 오렌지나무	J. M. 바스콘셀로스	동녘	301	문학
	비밀의 화원	프랜시스 호즈슨 버넷	시공주니어	405	문학
9월	지킬박사와 하이드	로버트 루이슨 스티븐슨	푸른숲주니어	216	문학
10월	솔솔 재미가 나는 우리 옛시조	김원석(엮음)	파랑새어린이	199	시
11월	난중일기	이순신	파란자전거	167	수필
12월	구운몽	김만중	휴머니스트	220	문학
	아이작 아시모프의 과학 에세이	아이작 아시모프	아름다운날	312	과학
1월	춘향전	작자 미상	북멘토	240	문학
	이윤기의 그리스 로마 신화 1	이윤기	웅진지식하우스	351	문학
2월	100년 후에도 읽고 싶은 한국 명작 단편	김동인 외	예림당	400	문학
	동물 농장	조지 오웰	열린책들	193	문학

6학년 추천 고전

월	제목	지은이	출판사	쪽수	영역
3월	톨스토이 단편선	톨스토이	인디북	367	문학
4월	청소년을 위한 백범일지	김구	나남	259	수필
5월	논어 *필사지정도서*	공자	홍익출판사	421	철학
6월	사씨남정기	김만중	영림카디널	256	문학
7월	돈키호테	미겔 데 세르반데스	푸른숲주니어	343	문학
	사기열전	사마천	타임기획	275	비문학
8월	제인 에어	샬럿 브론테	시공주니어	853	문학
	허클베리 핀의 모험	마크 트웨인	시공주니어	488	문학
9월	셰익스피어 4대 비극	셰익스피어	아름다운날	544	문학
10월	솔솔 재미가 나는 우리 옛시조	김원석(엮음)	파랑새어린이	199	시
11월	파이돈(플라톤의 대화편)	플라톤	창	314	철학
12월	우리말성경(잠언) *필사지정도서*	솔로몬 외	두란노	1312	철학
	명상록	마르쿠스 아우렐리우스	인디북	304	비문학
1월	목민심서	정약용	파란자전거	164	비문학
	대지	펄 벅	문예출판사	483	문학
2월	페르마의 마지막 정리	사이먼 싱	영림커디널	399	수학
	동물 농장	조지 오웰	열린책들	193	문학

17

낭독의 법칙

낭독이
묵독을 이긴다

낭독은 책을 소리 내어 읽는 것을 통틀어 이르는 말이다. 낭독과 유사한 단어에는 음독, 낭송, 구연 등이 있다. 음독은 낭독에서 감정을 빼고 매뉴얼을 읽는 듯이 그저 글을 소리 내어 읽는 것을 일컫는다. 낭송은 시처럼 운율이 있는 글을 읽는 것을 지칭한다. 구연은 동화나 극본 등을 등장인물의 감정과 느낌을 살려 읽는 것을 가리킨다. 낭독은 음독, 낭송, 구연처럼 책을 소리 내어 읽는 행위를 전반적으로 아울러 통칭한다.

책 읽기란 본디 눈으로 읽는 행위가 아니라 소리 내어 읽는 행위였다. 고대 그리스인들은 책을 소리 내어 읽음으로써 비로소 텍스트가 완성된다고 보았다. 고대 로마의 부자들은 책 내용을 통째로 암기하고 있다가 주인이 명하면 그 내용을 읊어주는 노예를 두기도 했다. 그 뿐만 아니라 고대 그리스·로마 시절에는 극장이나 공중목욕탕 등에서 낭송회가 열리기도 했다.

오래전 우리나라에서도 사정은 크게 다르지 않았다. '책을 읽는다' 함은 곧 책을 소리 내어 읽음을 뜻했다. 책을 읽을 때 가락을 넣어 구성지게 낭송하는 것을 '송서誦書'라고 한다. 오늘날의 동화 구연과 비슷한 행위로 생각하면 쉽다. 송서와 비슷한 것으로 '율창律唱'이 있는데 한시漢詩를 노래 조로 읊는 것을 가리키는 말로, 오늘날의 시 낭송과 비슷한 행위라고 생각하면 된다. 송서와 율창은 일제강점기 때까지도 부잣집 사랑채를 중심으로 유행하던 양반들의 풍류였다.

동서양을 막론하고 소리 내어 읽기는 책 읽기의 가장 원초적인 모습이었다. 하지만 오늘날에 들어서 소리 내어 읽기가 점점 사라지고 있는 추세이다. 예전에는 초등학교 저학년 교실 앞을 지나가노라면 아이들이 떼창을 하듯 소리 높여 책을 읽는 목소리가 울려 퍼지곤 했다. 그 소리가 얼마나 정겨웠는지 모른다. 요즘 교실에서는 이런 소리를 듣기가 힘들다.

낭독은
학습 효과가 높다

얼마 전 한 방송 프로그램에서 흥미로운 실험을 진행하는 것을 보았다. 20대 대학생 60명을 두 그룹으로 나눈 뒤, 20분간 시집을 읽게 했다. 단, 읽는 방식을 달리했다. A조는 문장을 눈으로만 조용히 읽는 묵독을, B조는 소리 내어 읽는 낭독을 하게 했다. 이후 10분간 자신이 읽은 시집의 내용을 얼마나 기억하는지 테스트했다. 그 결과, 묵독을 한 조의 평균 점수는 51.83점이, 낭독을 한 조의 평균 점수는 59.3점이 나왔다. 묵독한 집단보다 낭독한 집단의 기억력 점수가 8점 가까이 높게 나왔다.

이 실험에서도 알 수 있듯이 낭독이 묵독보다 훨씬 학습 효과가 좋다. 묵독은 눈으로만 읽는 1차 독서로 끝난다. 반면 낭독은 눈으로 읽는 1차 독서, 입으로 읽는 2차 독서, 귀로 듣는 3차 독서, 음파에 의해 전신으로 읽는 4차 독서가 이루어진다. 눈으로만 한 번 읽고 끝나는 묵독과 네 번에 걸쳐 책을 읽은 효과가 있는 낭독 중 어느 쪽의 학습 효과 높을지는 굳이 실험을 통하지 않고서도 짐작이 가능하다.

높은 학습 효과 외에도 낭독의 순기능은 많다. 우선 음독을 많이 하면 구강 구조가 완벽하게 자리 잡는다. 초등학교 저학년 아이들은 구강 구조가 형성되어가는 과정 중에 있다. 따라서 낭독을 많이 해서 구강 기관을 빈번하게 사용하면 구강 구조가 완벽하게 자리 잡아서 발음이 정확해지고 말을 똑 부러지게 할 수 있게 된다. 또한 소리 내어 읽기를 많이 하다 보면 의미 단위의 끊어 읽기를 잘하게 된다. 초등학교 고학년 아이들 중에서도 책 읽기를 시켜보면 더듬더듬 읽거나 낱말 단위로 끊어 읽기 정도밖에 못하는 아이들이 많다. 소리 내어 읽기를 하지 않았기 때문이다. 소리 내어 읽기를 많이 하다 보면, 낱말 단위의 끊어 읽기가 아닌 의미 단위의 끊어 읽기가 가능해진다. 그뿐만 아니라 소리 내어 읽기를 많이 하다 보면, 목소리가 트여서 발표력도 향상된다. 책을 자신 있게 큰 소리로 읽을 줄 아는 아이들은 대부분 발표도 자신 있게 한다. 큰 소리로 책 읽기와 발표는 깊은 연관성이 있다.

뇌를 깨우는 낭독

최근 들어 '디지털 치매'가 점점 늘고 있다고 한다. 디지털 치매란 스마트폰이나 PDA, 컴퓨터 등 다양한 디지털 기기에 의존한 나머지, 기억력이나 계산력이 크게 떨어진 상태를 말한다. 가족이나 친구처럼 절친한 사람들의 전화번호를 기억하지 못한다거나, 노래방 반주 기계 화면에 흐르는 가사 자막 없이는 노래를 잘 부를 수 없다거나, 내비게이션의 도움 없이는 길을 잘 찾지 못한다거나 하는 등 디지털 치매의 증상은 다양하다.

디지털 치매는 우리 뇌의 특정 영역의 기능이 위축되어 나타나는 현상이므로, 이를 열심히 되살리는 활동을 통해 치료가 가능하다. 디지털 치매의 가장 대표적인 치료법이 바로 낭송이다. 낭송은 뇌의 다양한 부위를 활성화시키고, 기억력을 증진시킬 뿐만 아니라 좌뇌와 우뇌를 골고루 발달시킨다.

일본 도호쿠대의 카와시마 류타川島隆太 교수는 어떤 행동이 뇌의 활성화에 영향을 주는지에 대한 연구를 하다가 낭독의 중요성을 발견했다고 한다. 그에 따르면 생각하기, 글쓰기, 읽기 등 어떤 활동을 하느냐에 따라서 뇌 안에서 반응하는 장소가 각기 다르다고 한다. 어떤 행동을 할 때 뇌에서 어떤 장소가 반응하는지 알기 위해서는 자기공명영상장치Magnetic Resonance Imaging, MRI를 통해 혈액순환이 원활해진 곳을 찾으면 되는데, 혈액량의 변화를 기능적 MRI로 관찰해보니 낭독을 할 때 뇌 신경 세포의 70% 이상이 반응했다고 한다. '묵독하고 글자 암기하기'처럼 낭독보다 난이도가 있어 보이는 활동도 낭독할 때 보이는 뇌의 활성화 정도를 따라잡지 못했다.

또 다른 학자들의 연구에 따르면, 큰 소리로 책을 읽을 경우 언어중추가 있는 측두엽 상부와 창의적 사고와 인식 기능을 담당하는 전두엽 하부가 많이 활성화가 된다고 한다. 이런 부위가 지속적으로 자극되어 발달하면 디지털 치매를 예방할 수 있을 뿐만 아니라, 효율적으로 공부하는 데에도 큰 도움을 받을 수 있다.

영어에서
낭독은 필수

3학년 아이들을 지도할 때, 우리 반에는 유독 영어 책을 유창하게 잘 읽었던 민지라는 여자아이가 있었다. 그런데 내가 면담 때 전해 듣기로 민지의 어머니는 직장을 다니고 계셔서 아이의 공부를 세세하게 돌봐주실 여력이 없다고 하셨다. 그렇다고 해서 민지가 따로 영어 학원에 다니는 것도 아니었다. 나는 민지의 영어 실력의 비결이 궁금했다. 알고 보니 민지의 어머니는 매일 아침 출근길에 민지에게 전화를 걸어서 20분 가까이 영어 책을 큰 소리로 읽도록 시키셨다고 한다. 통화가 여의치 않을 때에는 읽은 것을 녹음이라도 해두게 했다고 한다. 이렇게 매일 영어로 낭독하는 습관 덕분에 민지는 자연스레 영어를 잘하게 됐다. 민지의 사례를 접하고 나서 나는 민지 어머니의 지혜와 열정에 진심으로 박수를 보냈다. 민지의 어머니는 어떻게 해야 영어를 잘할 수 있는지 정확히 알고, 그것을 꾸준히 실천에 옮겼던 것이다.

영어를 잘하는 아이들과 못하는 아이들 사이의 실력 차이가 극명하게 드러나는 지점이 바로 읽기 부문이다. 영어를 못하는 아이들에게 영어 문장을 읽어보라고 시키면 보통의 인내심 가지고는 들어주기 어렵다. 떠듬떠듬 읽는 것이 마치 유치원생이 처음 한글을 배울 때 글자를 하나하나 손으로 짚어가면서 읽는 모습과 흡사하다. 반면에 영어를 잘하는 아이들은 유창함이 남다르다. 의미 단위로 끊어 읽어야 할 곳에서 정확히 끊어서 읽는다.

왜 이런 현상이 생기는 것일까? 비결은 낭독에 있다. 영어를 잘하는 아이들은 영어 문장을 소리 내어 많이 읽어보았기 때문이다. 우리의 혀는 알게 모르게 우리말 발음에 길들여져 있다. 따라서 유창하게 영어를 발음하려면 굳어져버린 혀를 풀어주고 영어로 말하기에 익숙해져야 한다. 그러기 위해서는 직접 소리 내어 영어 문장을 읽는 수밖에 없다. 속으로 읽어서는 소용없다.

책을 소리 내어 읽고 듣는 전통은 오늘날 '오디오북'을 통해 되살아났다. 오디오북을 많이 들으면서 계속 큰 소리로 따라 읽다 보면 어느 순간 귀가 뚫리고 입이 열리게 된다. 단순히 읽기 능력만 향상되는 것에 그치지 않는다. 자신의 발음과 억양을 고스란히 듣게 되어서 발음과 억양을 교정하는 데에도 도움이 된다.

자녀 수준에 맞는 영어 그림책을 한 권 선택해서 하루에 10분 정도씩 큰 소리로 읽도록 시켜보자. 여러 장 읽기보다는 한 장을 반복해서 읽는 편을 권한다. 그러면 처음 읽었을 때보다는 두 번째 읽었을 때, 아이가 문장을 훨씬 더 매끄럽게 읽는다는 사실을 발견하게 될 것이다. 이렇게 입으로 반복해서 소리 내어 읽으면서 익힌 영어 표현들은 자연스럽게 외워지게 된다. 이렇게 습득된 영어 표현들은 말하기나 글쓰기를 할 때에도 활용할 수 있다.

소리 내어
읽기 방법

소리 내어 읽기는 적은 분량을 매일 반복하는 것이 효과적이다. 소리 내어 읽기는 기본적으로 묵독보다 힘이 많이 들기 때문에 한 번에 많은 시간을 할애하는 것이 현실적으로 어렵다. 초등학교 저학년의 경우, 하루에 10분 정도가 소리 내어 읽기를 하기에 적당한 시간이다. 읽을 때의 목소리는 작은 소리보다 큰 소리가 훨씬 바람직하다. 아이가 자신의 공부방에서 책을 읽는 목소리가 거실에 있는 엄마의 귓가에 들릴 정도로 큰 소리로 읽는 것이 좋다. 대화문은 밋밋하게 읽는 것보다 이야기 속 상황이나 인물의 기분 등에 어울리는 목소리로 실감 나게 읽게 하는 것이 좋다.

소리 내어 읽을 책은 미리 정해놓도록 한다. 매일 어떤 책을 소리 내어 읽을지 결정하는 것도 번거로운 일이기 때문이다. 예컨대 아이가 하루에 그림책을 보통 5권 정도 읽는다면 그중에 한 권은 소리 내어 읽게 하는 식이다. 혹은 『잠언』과 같은 짧은 문구를 모아놓은 책을 하루에 한 장씩 소리 내어 읽게 하는 방법도 있다. 이렇게 소리 내어 읽을 책을 정해놓으면 같은 내용을 반복해서 읽게 된다. 반복 읽기는 그 자체로도 큰 학습 효과가 있는데, 여기에 더해 문장을 소리 내어 읽으면 그 효과가 배가된다. 중국 베이징대 중문과의 첸리췬錢理群 교수 역시 큰 소리로 반복해서 읽기의 중요성을 강조한 바 있다.

"옛날 훈장님들은 처음부터 일일이 설명하면서 가르치는 대신, 학생들에게 경문을 커다란 목소리로 읽도록 시켰어요. 학생들은 같은 문장을 반복해서 큰 소리로 읽다가 어느 순간 말로 형용할 수 없는 운치를 깨닫지요. 그리고 반복해서 외우는 동안 자신도 모르게 경문의 뜻을 이해하게 될 뿐만 아니라, 그 내용을 머릿속에 새기게 됩니다. 그러고 나면 훈장님은 이후에 그저 간단한 설명을 덧붙일 뿐입니다. 굳이 장황하게 설명하지 않아도 학생들이 이미 스스로 이해했기 때문이지요. 당장은 몰라도 반복해서 읽고 외우다 보면 그 내용이 뇌리에 깊숙이 새겨져, 어느 순간 시간이 흐르면 자연스럽게 스스로 이해하게 됩니다."

아이에게 가족들 앞에서 책을 소리 내어 읽어보게 하는 것도 좋은 방법이다. 들어주는 사람이 눈앞에 있으면, 혼자서 소리 내어 읽을 때보다 문장을 정성스럽게 읽기 마련이다. 듣는 사람의 존재를 의식해서 보다 정확한 발음과 실감 나는 목소리로 읽어주려고 애쓰게 되기 때문이다. 동생이 있다면 "○○야, 동생에게 책 좀 읽어주렴" 하고 자연스럽게 소리 내어 책 읽기를 유도해보는 것도 권할 만한 방법 중 하나이다.

책을 소리 내어 읽을 때, 가끔은 자신의 목소리를 녹음해서 들어보게 하는 것도 좋다. 대부분의 사람들은 녹음된 자신의 목소리를 들으면 실제 자기 목소리와 다르다고 생각해서 처음에는 굉장한 이질감을 느낀다. 하지만 아이들은 이런 차이를 굉장히 재미있어 한다. 자신의 녹음된 목소리를 듣는 순간, 아이들은 화자에서 청취자가 되어 제3자의 입장에서 자기 목소리를 듣게 된다. 덕분에 보다 객관적으로 자신의 음색, 성량, 말 습관 등을 살펴보게 된다. 무엇보다 녹음된 소리를 한 번 더 듣는 것은 한 번 더 반복해서 읽는 효과가 있다.

18

글쓰기의 법칙

쓰면 기적이
일어난다

유튜브에서 흥미로운 동영상을 본 적이 있다. 지나가는 행인들에게 구걸하는 걸인 앞에 이런 문구가 적힌 종이판이 놓여 있다. '나는 장님입니다. 도와주세요.' 걸인이 절박하게 구걸하지만 행인들은 무관심하다. 이때 한 젊은 여자가 걸인에게 다가와 그의 앞에 놓인 종이판 뒷면에 무언가 적고 자리를 떠난다. 그러자 그토록 무관심했던 행인들이 걸인에게 얼마간의 돈을 기부하기 시작한다. 갑자기 쏟아진 많은 돈에 걸인의 얼굴은 당황한 기색이 역력하다. 잠시 후 그 여자가 다시 걸인 앞에 서자, 걸인은 그에게 묻는다. "내 종이판에 뭐라고 적었습니까?" 여자는 이렇게 답했다. "뜻은 같지만 다른 말로 썼습니다."

이 말을 남기고 여자는 홀연 다시 사라진다. 이 여자가 적은 글귀는 이랬다. '아름다운 날입니다. 그러나 나는 볼 수가 없네요.', '나는 눈이 멀어 앞을 볼 수 없다'라는 같은 사실을 담은 문장이지만, 두 문장이 주는 울림은 너무나 다르다. 그저 표현을 바꿨을 뿐인데, 사람들의 반응이 다르다. 이 에피소드에서 알 수 있듯이, 제대로 쓰면 기적이 일어난다.

글쓰기의
중요성

우리나라 역사에게 사람들이 가장 친근하고 가깝게 느끼는 시대는 조선 시대이다. 그렇다면 그 이유는 무엇일까? 필자의 생각에는 조선 시대가 단순히 현재와 가장 가까운 왕조라서가 아니라, 『조선왕조실록』이라는 기록물 덕분이라고 본다. 『조선왕조실록』은 태조부터 철종까지 472년간 조선 왕실을 비롯해서 그 시대에 일어난 일들을 기록해낸 역사서이다. 당시 왕과 신하들이 주고받았던 말들은 사라졌지만, 그 내용들이 실록에 기록되어 지금까지 전해진 덕분에, 우리는 조선 시대의 실상을 그 어느 시대보다 정확하게 알 수 있다. 『조선왕조실록』의 사례에서도 알 수 있듯이, 글은 연기처럼 사라져버리는 순간을 영원으로 남기는 힘이 있다.

　글쓰기는 모든 순간을 '크로노스Cronos'에서 '카이로스Kairos'로 만든다. 크로노스는 누구에게나 평등하게 주어지는 하루 24시간을 나타내는 헬라어이다. 이에 반해 카이로스는 크로노스의 시간에 특별한 의미를 부여한 시간을 말한다. 예를 들어 싫은 사람과 1시간을 같이 있는 것과 사랑하는 사람과 1시간을 같이 있는 것을 견주어 비교해보자. 이 둘은 크로노스적 관점에서는 같은 시간이지만, 카이로스적 관점에서는 전혀 다른 시간이다. 유의미한 인생을 살아가기 위해서는 그냥 흘러가는 시간 속에 나를 내던지는 크로노스적 삶이 아니라 나만의 의미를 부여하고 나만의 관점으로 해석해낸 카이로스적 시간을 살아야 한다.

글쓰기는 카이로스적 삶을 가능하게 만든다. 글을 쓰기 위해서는 무의미하게 지나쳐버린 사건들에 대해 의미를 부여할 줄 알아야 한다. 의미 부여의 과정을 통해 크로노스적 사건은 카이로스적 사건으로 전환된다. 우리가 일기를 쓰는 까닭도 결국 앞서 설명한 이유 때문이다. 일기를 쓰지 않으면 그냥 의미 없이 지나가버렸을 일상들이 일기를 쓰는 행위를 통해 내 삶의 특별한 사건으로 주목되면서 그 의미가 되살아나기 때문이다.

글쓰기만큼 자신의 내면을 고스란히 보여주는 행위는 없다. 읽지도 않은 책을 입으로는 아는 척 떠벌릴 수도 있고, 마치 읽은 것처럼 위장할 수도 있다. 하지만 자기가 제대로 알지도 못하는 내용을 글로 쓸 수는 없다. 우리는 한 개인을 평가할 때, 그 사람의 인격이나 품격 등을 따진다. 하지만 인격이나 품격보다 더 적확한 판단의 기준이 될 수 있는 것이 바로 '글격'이다. 글을 통해 우리는 그 글을 쓴 사람의 지식과 학식 정도는 물론이거니와 그 사람의 혜안, 통찰력, 지혜를 엿볼 수 있고 더 나아가서 사고의 깊이와 넓이, 전인격을 가늠할 수 있다.

모두가 그렇다고 확언할 수는 없지만, 글을 쓰는 사람들은 대체로 경박하지 않고 신중하며 남다른 가치를 추구하며 살아간다. 글을 쓰다 보면 우리의 내면이 좋은 방향으로 변화하기 때문이다. 글을 쓰다 보면 내가 다다를 수 있는 최선과 만나게 된다. 글을 쓰는 과정에서 자연스레 내가 추구하고자 하는 최선의 삶이 무엇인지 생각하기 마련이다. 이런 과정을 반복하다 보면 인생의 넓이보다 깊이를, 소유 가치보다 존재 가치를 더 중시하는 인생으로 바뀌어간다. 글쓰기는 존재의 근원적 변화를 이끌어낸다.

앞으로 다가올 시대에는 문맹보다 '글맹'이 더 심각한 문제로 대두될 듯하다. 글맹은 자신의 생각이나 느낌을 체계적이고 논리정연하게 글로 쓸 줄 모르는 사람을 말한다. 한 통계에 의하면 우리나라 성인의 약 90% 가까이가 글쓰기에 어려움을 느낀다고 한다. 학교에서도 아이들에게 글을 쓰라고 하면 저학년 아이들 중에서는 당황해서 우는 아이들도 많다. 인간의 언어 발달 과정은 '듣기→말하기→읽기→쓰기' 순으로 발달한다. 문맹은 이 4단계 중 읽기를 못하는 것이지만, 글맹은 쓰기를 못하는 것이다. 문맹은 작심하면 몇 개월 만에 탈출할 수 있다. 하지만 글맹을 벗어나는 일은 짧은 시간에 불가능하다. 글쓰기 실력은 평생 갈고닦아야 한다.

글쓰기를
잘하려면

글을 잘 쓰기 위해서는 어떻게 해야 할까? 이 주제는 한 권의 책으로 써도 모자랄 만큼 풀어내야 할 내용이 방대한 주제이다. 그렇지만 여기에서 학교 현장에서 아이들의 글을 읽고, 글쓰기를 지도하고, 작가로서의 삶을 살아오면서 느낀 점을 몇 가지 적어보고자 한다.

많이 읽기

글쓰기는 표현 기술의 최고봉이다. 하지만 표현은 아는 만큼만 할 수 있다. 아는 만큼 보이고, 아는 만큼 느낄 수 있기 때문이다. 글을 잘 쓴다는 것은 표현력이 좋다는 말이기도 하지만, 알고 있는 지식이 많다는 의미이기도 한다. 글을 잘 쓰는 아이들은 비유를 적절하게 사용하는데, 비유 능력은 다독을 통해 길러진다. 다독한다고 반드시 글을 잘 쓰는 것은 아니지만, 글을 잘 쓰는 아이들은 반드시 다독한다는 공통점이 있다. '100권을 읽고, 10권을 말하고, 1권을 쓴다'라는 말의 의미를 되새겨보자.

관찰력 키우기

글을 못 쓰는 아이와 글을 잘 쓰는 아이의 결정적인 차이 가운데 하나가 관찰력이다. 글을 잘 쓰는 아이는 관찰력이 매우 뛰어나다. 글

228

을 못 쓰는 아이들은 주변의 사물이나 주위에서 벌어지는 일을 피상적으로 바라본다. 하지만 글을 잘 쓰는 아이들은 사물이나 사건 등을 바라볼 때 구체적으로 들여다보고, 그 이면에 숨은 내용까지 살필 줄 안다. 자세히 관찰하다 보면 다른 사람이 보지 못하는 것을 보게 되고 전혀 관련이 없어 보이는 것들 사이의 연관성을 발견해내기도 한다. 세밀한 관찰력이 뒷받침되어야만 깊이 있고 남다른 글을 쓸 수 있다.

공감 능력과 감수성 키우기

인간관계가 좋은 사람들의 한결같은 공통점이 있다면 공감 능력과 감수성이 뛰어나다는 사실이다. 그와 마찬가지로 사람들에게 재미와 감동을 주는 글을 쓰기 위해서는 인간과 사회에 대한 감수성이 깊어야 한다. 감수성과 공감 능력이 좋은 사람들이 좋은 글을 잘 쓰기도 하지만, 글을 쓰다 보면 세상에 대한 이해와 인간에 대한 공감 능력이 좋아지기도 한다.

솔직하게 쓰기

글을 잘 쓰는 최고의 기술은 솔직하게 쓰는 것이다. 솔직하지 못한 글은 읽기 어렵다. 읽어도 전혀 울림이 없다. 거짓은 깊이가 없고 사람의 마음에 이를 수 없다. 그렇기 때문에 글을 쓸 때에는 나를 솔직하게 드러낼 수 있어야 한다. 나를 솔직하게 드러낼 용기가 없다면 글을 쓸 수가 없다. 글재주만으로는 좋은 글을 쓸 수 없다. 사람들의 마음을 울리는 좋은 글은 진실한 삶에서 비롯된다.

많이 써보기

처음부터 잘 쓰는 사람은 없다. 끊임없는 연습을 통해 조금씩 필력이 늘어갈 뿐이다. 따라서 매일 한 줄이라도 직접 써보는 것이 중요하다. 사람마다 생김새가 제각각이듯이 글 역시 그러하다. 사람에 따라 자기만의 독특한 문장의 결이 있다. 그 결을 잘 살려내면 맛깔나고 매력적인 글이 된다. 나만의 문장 결을 찾아가기 위해서는 꾸준히 많이 써보는 수밖에 없다. 글쓰기에는 왕도가 없다.

초등학생들이 할 수 있는 가장 현실적인 글쓰기 연습법은 일기를 매일 쓰는 것이다. 매일의 일상을 한두 줄이라도 꾸준히 적어가는 아이는 그렇지 않은 아이와 다른 삶을 살아갈 것이다. 한두 줄의 문장을 적기 위해 끊임없이 생각하고, 관찰하고, 다짐하며 글쓰기를 매일 하는 아이를 그 누가 넘어설 수 있겠는가?

너무 잘 쓰려고 하지 않기

아이들 중에는 글을 쓸 때 잘 쓰고 싶어서 과도하게 애쓰는 아이들이 있다. 이런 아이들의 글에는 미사여구가 많이 등장할 뿐만 아니라, 글이 대체로 현학적으로 흘러가는 경향을 보인다. 무엇이든지 너무 잘하려고 하다 보면 힘을 주기 마련이다. 잘하고 싶어 하는 마음은 그 자체로 건강하고 좋은 욕구이지만, 어깨에 힘이 들어가는 순간 좋은 결과를 내기가 어려워진다. 오히려 '잘 써야지!' 하는 부담을 덜고 편안한 마음으로 글쓰기에 접근하면 오히려 글이 술술 잘 써진다. 자기 본연의 모습이 스스럼없이 잘 드러난 글이 가장 잘 쓴 글임을 기억하자.

글을 쓸 때 가장 중요한 '글감 잡기'와 '주제 정하기'

글쓰기의 순서는 대체로 '글감 잡기 → 주제 정하기 → 계획 수립하기 → 글 구성하기(얼개 짜기) → 표현하기 → 글 다듬기'의 순서로 진행된다. 이 과정에서 아이들이 가장 어려워하는 과정이 '글감 잡기'와 '주제 정하기'이다. 글감을 찾고 그에 맞는 주제가 정해지면 글쓰기는 한결 쉬워진다.

글감 잡기는 글쓰기의 가장 첫 단계이자 가장 중요한 단계이다. 많은 아이들은 하루 일과 중에서 글감을 잡아내는 과정을 매우 힘들어한다.

일기를 쓰려고 했는데 생각이 안 났다. 그래서 앉아서도 생각하고 누워서도 생각했는데 그래도 생각이 안 났다. 계속 생각했는데도 생각이 안 났다.

231

3학년 남자아이가 쓴 일기이다. 이 아이의 일기에서도 알 수 있듯 이 아이들에게 글감을 찾으라고 하면 매우 막막해한다. 그런데 글감 잡기는 어려울 수밖에 없다. 글감을 잡는다는 것은 자신에게 일어난 수많은 사건들 중에서 글로 쓸직한 유의미한 사건을 한 가지 선택하는 일이기 때문이다. 선택에는 수많은 능력들이 요구된다. 이는 어른이라고 해서 쉬운 일이 아니다. 그러나 분명한 사실 한 가지는, 글감 잡기를 여러 번 연습하다 보면 이후에 이 과정이 쉬워진다. 그뿐만 아니라 내 주변의 모든 사건과 사물이 글감이 될 수 있음을, 세상 천지에 글감이 널려 있음을 깨닫게 된다.

김춘수 시인의 '꽃'이라는 시에 이런 구절이 등장한다. '내가 그의 이름을 불러주기 전에는 / 그는 다만 / 하나의 몸짓에 지나지 않았다 // 내가 그의 이름을 불러주었을 때 / 그는 나에게로 와서 / 꽃이 되었다'

글감 잡기는 나에게 일어난 하루 일과들 중에서 의미 있는 일을 찾는 과정이다. 의미를 부여하기 전에는 모든 일이 나에게 그저 '하나의 몸짓'에 지나지 않는다. 하지만 한 가지 일을 선택하고 거기에 의미를 부여하는 순간, 그 일은 비로소 나에게 '꽃'이 되어 다가온다. 하나의 몸짓과 같은 수많은 사건 가운데 하나의 사건을 선택해서 꽃이 되게 하는 작업이 바로 글감 잡기이다.

글감을 잡았다면 그 글감을 통해 내가 말하고자 하는 바, 즉 '주제'를 정해야 한다. 똑같은 사건이라도 내가 부각시키고자 하는 주제에 따라 글은 완전히 다른 방향으로 전개된다.

- **주제: 때늦은 후회**

어제 추운 날씨에 친구들과 놀이터에서 늦게까지 놀았다. 그래서 인지 감기에 걸리고 말았다. 열이 39도까지 올랐다. 감기 때문에 잠을 제대로 이룰 수가 없었다. 엄마도 내 옆에서 병간호를 하느라 잠을 못 주무셨다. 날씨가 추우니 늦게까지 놀지 말라는 엄마 말을 듣지 않은 것이 후회된다. 다음부터는 엄마의 말을 잘 들어야겠다.

- **주제: 엄마의 사랑**

어제 추운 날씨에 친구들과 놀이터에서 늦게까지 놀았다. 그래서 인지 감기에 걸리고 말았다. 열이 39도까지 올랐다. 감기 때문에 잠을 제대로 이룰 수가 없었다. 엄마도 내 옆에서 병간호를 하느라 잠을 못 주무셨다. 엄마는 밤새 내 이마 위의 물수건을 갈아주셨다. 엄마가 물수건을 갈아주실 때마다 그 물수건은 차가웠지만 한없이 따뜻하게만 느껴졌다.

앞의 두 내용은 열 감기를 글감으로 쓴 일기이다. 글감은 같지만 주제를 어떻게 잡느냐에 따라 전혀 다른 글이 된다는 사실을 알 수 있다. 글을 쓸 줄 아는 아이와 그렇지 못한 아이의 차이가 확연하게 드러나는 단계가 바로 이 단계이다. 글을 잘 쓰는 아이들은 주제가 잘 부각되도록 쓴다. 하지만 글을 못 쓰는 아이들은 주제가 없거나 주제가 여러 개인 글을 쓰곤 한다.

글감 잡기가 '하나의 몸짓'을 '꽃'이 되게 하는 과정이었다면, 주제 정하기는 '꽃'에 '의미'를 부여하는 과정이다. 의미를 어떻게 부여하느냐에 따라 그 꽃은 수수한 개나리가 될 수도 있고 아름다운 장미가 될 수도 있다. 가장 아름답지 않은 꽃은 개나리 같기도 하고 장미 같기도 한, 정체를 알 수 없는 꽃이다.

일기 쓰기 요령

좋든 싫든 초등학교에서는 일기를 써야 한다. 일기는 아이들이 가장 싫어하는 숙제이기도 하다. 하지만 일기 쓰기를 잘 활용하면 글쓰기 능력 향상에 큰 도움이 된다.

날씨는 최대한 느낌을 살려 자세히 쓰기

일기를 쓸 때 날씨를 적게 되어 있다. 날씨를 '맑음', '흐림', '비', '눈' 정도로 간단하게 쓰는 것보다는 '땀이 날 정도로 햇빛이 쨍쨍', '비 오다 멈추고 다시 비가 오는, 하루 종일 오락가락한 날씨' 등과 같이 자세히 표현하게 하는 것이 좋다. 이렇게 적다 보면 어느 날은 날

씨만 가지고도 일기를 쓸 수 있다. 날씨를 자세히 쓰게 하면 관찰력 향상뿐만 표현력 향상에 좋다.

내용과 관련된 제목 붙이기

아이들 중에는 일기에 제목을 안 쓰는 아이들도 많다. 하지만 일기에서 제목은 가게의 간판 같은 역할을 한다. 일기의 내용을 함축하여 한눈에 짐작하게 만드는 역할을 하기 때문이다. 제목은 글을 쓰기 전에 정할 수도 있지만, 글을 다 쓰고 정해도 무방하다. 심지어 글 쓰는 중간에 정해도 된다. 내용을 잘 부각시켜주거나 글의 주제와 관련성이 높은 제목이 좋은 제목이다. 만약 아이가 제목 붙이기를 어려워한다면 부모가 서너 가지 제목을 만들어준 후에 그중에서 골라보게 하는 방법도 괜찮다.

문장부호 올바르게 사용하기

문장부호의 종류와 쓰임은 1학년 때부터 배운다. 하지만 고학년인데도 문장부호를 정확히 사용할 줄 모르는 아이들이 너무 많다. 문장부호를 제대로 사용하지 않으면 글의 격이 너무 떨어져 보인다. 따라서 일기를 쓸 때 문장부호를 정확하게 사용할 수 있도록 알려주는 것이 좋다. 온점(·)을 찍어야 하는 곳에 바로 찍기, 물음표(?)와 느낌표(!)를 적절한 곳에 사용하기, 작은따옴표(' ')와 큰따옴표(" ") 구별해서 쓰기 등에 대해 잘 짚어주도록 하자. 어떤 아이들은 말줄임표(…)를 남발하기도 하는데, 문장부호는 꼭 필요한 곳에만 사용하도록 알려주자.

표현의 자유 허락하기

부모나 교사 중에 아이들이 일기의 도입 부분에 즐겨 사용하는 '나는 오늘'이라는 표현에 민감한 반응을 보이는 경우가 있다. 이런 표현을 쓴다고 해서 큰일 나지 않는다. 나중에는 아이들에게 그렇게 쓰라고 해도 쓰지 않는다. 그러므로 아이가 익숙한 패턴의 표현을 반복해서 쓰더라도 눈감아주자. 또한 아이들은 일기에도 입말을 많이 쓴다. 일기는 가급적 입말 대신 글말을 쓰는 편이 바람직하지만, 아이들이 쓰는 입말 덕분에 일기에서 재미와 생동감이 느껴지기도 한다. 일기를 쓸 때에는 표현의 자유에 제약을 두지 않아야 아이의 표현력을 높일 수 있다.

띄어쓰기 제대로 하기

띄어쓰기 제대로 하기는 어른들도 어렵다. 그렇다고 해서 띄어쓰기를 신경 쓰지 않고 일기를 쓰면 글이 엉망이 된다. 어떤 아이들은 띄어쓰기를 전혀 하지 않고 모두 붙여 쓰는가 하면, 반대로 글자를 모두 띄어서 쓰는 아이들도 있다. 처음 글을 쓸 때부터 띄어쓰기에 신경 쓰면서 글을 쓰는 버릇을 들이는 편이 가장 좋다. 띄어쓰기를 의식하면서 쓰다 보면 어느 순간 제대로 된 띄어쓰기 방법을 터득할 수 있다.

문장 간결하게 쓰기

문장은 가급적 간결하게 쓰게 하는 것이 좋다. 어떤 아이는 일기를 한 문장으로 길게 이어서 쓰기도 하는데, 이는 아이 머릿속의 많은 생각들이 제대로 정리가 되지 않았기 때문에 벌어지는 일이다. 문장을 길게 쓰는 것이 습관이 되면 나중에 고치기가 힘들다. 되도록 한 문장이 두 줄을 넘지 않게끔 쓰는 것이 좋다.

'느낌 문장(생각 문장)' 많이 쓰기

느낌 문장을 쓴다는 것은 자기만의 생각이 있다는 의미이다. 하지만 많은 아이들이 일기를 쓸 때 대부분 '사실 문장'만을 쓴다. 글쓰기의 가장 큰 장점은 깊은 사고력을 얻게 된다는 점이다. 이를 위해서는 나만의 느낌과 생각을 담은 문장을 많이 써봐야 한다.

사실 문장만으로 쓴 일기

7시에 알람이 울렸다.

하지만 일어나지 못해 엄마한테 혼났다.

아침을 먹고 학교에 갔다.

사실 문장과 느낌 문장을 섞어 쓴 일기

7시에 알람이 울렸다.

하지만 몸이 침대에 붙은 자석처럼 떨어지질 않았다.

제때 일어나지 못해 엄마한테 혼났다.

혼내는 엄마가 밉기도 했지만 미안하기도 했다.

왜냐하면 내가 늦잠을 잔 이유는 어젯밤에 늦게까지 게임을 했기 때문이다.

엄마가 일찍 자라고 할 때 자지 않은 것이 후회됐다.

아침을 먹고 학교에 갔다.

다양한 형태의 일기 쓰기

일기를 쓸 때 매일 같은 형태의 일기만 쓰면 지겨워진다. 이럴 때 다양한 형식의 일기를 쓰면 지루함도 극복할 수 있을 뿐만 아니라 다양한 표현력도 키울 수 있어서 좋다.

다양한 형태의 일기

종류	내용
하루 일기	· 학교나 가정 등 일상에서 경험했던 일들 중에서 가장 기억에 남은 일을 쓴 일기. · 가장 인상적인 일 한 가지만 골라 써 보는 것이 중요하고, 사실 나열보다는 느낌과 소감을 많이 쓸 수 있도록 지도해야 한다.
동시 일기	· 자신의 느낌이나 생각이 잘 드러난 동시 형식으로 쓰는 일기. · '파릇파릇', '깡총깡총'처럼 반복되거나 흉내 내는 말을 사용하면 생동감 있는 동시 일기를 쓸 수 있다.
만화 일기	· 자신에게 있었던 일을 만화로 표현하는 일기. · 4컷이나 6컷 정도가 적당하며, 그림보다는 말풍선에 들어갈 글에 초점을 맞추는 것이 좋다.

편지 일기	• 부모님, 선생님, 친구 등 주변 사람들에게 보내는 편지 형식으로 쓰는 일기. • 말로는 직접 하기 어려운 말들을 편지 형식으로 쓰게 하고, 편지 일기가 잘 써졌다면 편지를 직접 보내는 것도 좋다.
수학 일기	• 수학 시간에 배운 수학의 개념 원리를 소개하는 일기. • 수학 일기를 통해 수학 개념 원리에 대한 깊은 이해뿐만 아니라 수업 시간에 집중력을 향상시킬 수도 있다.
관찰 일기	• 식물이나 곤충, 동물 등을 자세히 관찰하고 쓰는 일기. • 잘 쓴 관찰 일기는 읽었을 때, 대상의 모습이 머릿속에 그려질 수 있는 일기이다. 관찰 일기를 쓸 때에는 가급적 자세히 묘사하는 것이 중요하다.
독서 일기	• 자기가 읽은 책이나 읽고 있는 책의 내용 혹은 책을 읽고 난 느낌 등을 적는 일기. • 인상적인 책을 만났을 때 쓰는 것이 좋고, 줄거리 위주의 글쓰기보다는 느낌이나 소감 위주의 글쓰기가 바람직하다.
체험 일기	• 현장학습이나 체험 활동을 다녀온 후에 그 활동에 대한 느낌이나 소감 등을 적는 일기. • 체험 내용, 체험할 때의 느낌 등이 생생하게 드러나도록 쓰는 것이 중요하다.
영어 일기	• 자신이 경험한 내용을 한글이 아닌 영어로 쓰는 일기. • 처음부터 일기 전체를 영어로 쓰는 것보다는 처음에는 일부분만 영어로 쓰다가 영어로 쓰는 영역을 점점 확대해가는 것이 좋다.

19

발표의 법칙

발표가 특별한 아이로
보이게 한다

초등학교 저학년과 고학년을 비교했을 때, 가장 확연한 차이를 보이는 부분이 있다면 바로 발표하는 모습이다. 저학년 아이들은 "누가 한번 발표해볼까?"라는 말이 떨어지기가 무섭게 여기저기에서 "저요, 저요"를 외친다. 손을 조금이라도 더 높이 든 것처럼 보이고 싶어서, 아예 자리에서 일어나 손을 들기도 한다. 심지어 의자 위에 올라서는 아이가 있는가 하면, 성질 급한 아이들은 손을 들고 선생님 앞으로 뛰쳐나오기까지 한다. 어떤 아이들은 선생님이 발표를 안 시켜준다고 울기도 한다. 하교할 때 표정이 시무룩해서 왜 그러냐고 물어보면 발표 못 해서 그렇다고 말하기도 한다. 이쯤 되면 교사는 울어야 할지 웃어야 할지 모르게 된다.

이러던 아이들이 고학년이 되면 완전히 돌변한다. "누가 한번 발표해볼까?"라는 말이 떨어지기가 무섭게 고개를 푹 숙인다. 혹시나 선생님이 자기에게 발표를 시킬까 싶어 눈을 마주치지 않기 위해서이다. 혹여 선생님이 자신의 이름을 부르면 "저요?"라면서 마뜩잖은 표정을 짓곤 한다. 손을 들고 발표하는 아이들은 극소수로 줄어들고, 매번 발표하는 아이들만 발표에 참여한다. 이처럼 고학년과 저학년의 발표하는 모습은 달라도 너무 다르다.

부모들도 자녀의 발표 모습에 비상한 관심을 갖는다. 학부모 면담을 할 때 가장 많이 받는 질문 중 하나가 "선생님, 우리 아이가 수업 시간에 발표를 잘하나요?"이다. 2학년 학부모 공개 수업이 막 끝나고 나서의 일이다. 한 엄마가 인사를 건네면서 말을 건넸다.

"선생님, 우리 아이는 앞으로 수업 시간에 발표 좀 많이 시켜주세요."

"오늘 ○○가 발표 많이 하지 않았나요?"

"딱 3번 하더라고요. 손은 10번도 더 들었는데……."

이 엄마는 공개 수업 내내 본인의 자녀가 손을 몇 번 들었는지, 실제 발표는 몇 번 했는지 세고 있었던 것이다. 비단 이 엄마뿐만 아니라 대다수 엄마들의 모습이기도 하다.

발표가 아이를
특별하게 보이게끔 한다

발표는 수업 시간에 집중하게 만드는 역할을 한다. 우리는 보통 발표를 잘하는 아이들은 적극적인 성격과 자신감을 갖고 있으며 말하기 능력이 출중하다고 생각한다. 하지만 무엇보다 발표는 아이의 듣기 능력과 수업 집중도의 바로미터이다. 저학년 아이들 중에는 교사의 질문 내용과는 전혀 관계없는 내용을 발표하는 아이들도 있다. 심지어 어떤 아이들은 발표하겠다고 손을 들고 나서 옆 짝꿍에게 이렇게 묻는다.

"야, 선생님이 뭐래?"

"나도 몰라."

이런 우스꽝스러운 상황을 연출하는 아이들은 교사가 무엇을 묻는지도 잘 모르면서 친구들이 손을 드니 자신도 덩달아 손을 들었던 것뿐이다. 이런 아이들은 교사의 물음을 제대로 모르고 있기 때문에 제대로 된 발표를 할 리가 만무하다. 발표는 교사의 질문에 적절한 대답이나 자신의 생각을 정리해서 말하는 활동을 가리킨다. 따라서 발표를 잘하기 위해서는 무엇보다도 교사의 말에 귀를 잘 기울이고 있어야 한다. 그래야만 교사의 질문에 맞는 대답을 할 수 있다.

발표를 잘하면 여러 유익한 효과가 따라온다. 그중에 가장 커다란 장점은 교사나 친구들로부터 인정을 받게 된다는 점이다. 교사 입장에서 교사의 질문에 적극적으로 손을 들고 제대로 발표하는 아이는 정말 고마운 존재이다. 교사가 질문을 했을 때, 아이들이 아무도 발표하지 않으려고 하면 수업의 흐름이 끊길 뿐만 아니라 맥이 빠진다. 그런데 몇몇 아이가 발표를 적극적으로 해주면 수업의 흐름이 자연스럽게 고양된다. 교사 입장에서 발표를 잘하는 아이는 예뻐하게 되는 것이 솔직한 마음이다.

발표를 잘하면 교사에게만 인정받는 것이 아니다. 친구들도 발표 잘하는 아이를 인정해준다. 수업 시간에 발표를 자주 하고 그 내용에 수준이 있으면, 아이들도 그 아이를 '똑똑한 아이', '공부 잘하는 아이'라고 여긴다. 또래들 사이에 이런 평가를 받는 것은 고학년으로 갈수록 굉장히 중요하고, 긍정적인 공부 정체감을 형성하는 데 절대적인 영향을 끼친다.

고학년으로 갈수록 발표의 참가 횟수보다는 발표의 수준과 질이 중요해진다. 발표를 한 번 하더라도 다른 친구들이 생각지 못한 부분들까지 언급하며 조리 있게 발표하면 교실에서는 일순간 "얼~ 대단한데"와 같은 감탄사가 여기저기에서 들려온다. 이런 아이들은 또래 집단에서 인정받아 리더의 자리에도 서게 된다. 발표를 통해 아이가 특별해지는 것이다.

발표를 가로막는
걸림돌

발표에 소극적인 아이들은 이유가 여러 가지이다. 가장 큰 이유는 발표 내용에 대해 모르기 때문이다. 사람은 뭔가를 알고 있으면 말하고 싶어서 입이 근질거려 못 견디는 존재이다. 아이들은 더욱 그렇다. 옛말에 '알아야 면장面牆이라도 한다'라고 했다. 발표도 알아야 할 수 있다. 괜히 모르는 것을 아는 척하면서 주절거리면 오히려 친구들에게 따가운 눈총을 받고 실없는 아이로 전락하기 쉽다. 발표를 잘하기 위해서는 무엇보다 탄탄한 배경지식이 중요하다.

성격적인 이유도 빼놓을 수 없다. 내향적이고 부끄러움을 잘 타는 아이들은 발표에 소극적이다. 이런 문제는 타고난 성격의 문제이기 때문에 쉽게 고치기 어렵다. 아이의 기질과 성향은 문제 삼지 말고 그 자체로 인정해줘야 한다. 이런 아이들에게 오히려 발표를 강요하면 부작용만 커진다. 학교 활동 중에서 발표는 외향적인 아이들에게 유리한 활동이다. 반면에 글쓰기는 내향적인 아이들에게 유리한 활동이다. 이런 점을 잘 알고 아이를 바라보면 좀 더 여유롭게 지켜볼 수 있다.

자기 생각을 잘 정리하지 못하는 것도 발표의 걸림돌이 된다. 평소에는 말이 많다가도 발표를 시키면 횡설수설한다든지 혼잣말하는 아이들이 있다. 이런 아이들은 자신이 말할 내용이 머릿속에서 정리가 되지 않는 아이들이다. 이런 아이들은 말하기의 기술이 부족한 경우가 많다. 평소에 논리력을 키워주는 활동을 많이 하고, 말을 할 때에는 자신이 말하고자 하는 내용의 결론부터 먼저 말한 뒤, 그 이유나 까닭 등을 이어 말하는 두괄식 화법을 쓰게 하는 것이 좋다.

평소 부모의 비판적 태도 때문에 아이가 발표를 꺼리는 경우도 있다. 아이들이 발표를 꺼리는 이유 중 가장 커다란 비중을 차지하는 이유가 '틀릴까 봐'이다. '선생님의 질문에 답했다가 틀리면 어떻게 하지'라는 두려움 때문에 발표에 소극적인 경우가 많다. 평소 교사나 부모에게 틀린 답을 말했을 때 꾸지람이나 질책을 받은 경험이 많은 아이들의 무의식에는 '실수는 나쁜 것'이라는 인식이 잠재되어 있다. 이런 잠재의식은 자신도 모르는 사이에 발표를 꺼리게 만든다. 평소 아이가 틀린 답을 말했다고 하더라도 틀렸다고 혼낼 것이 아니라, '그렇게도 생각할 수 있겠구나' 혹은 '엄마 아빠도 전혀 생각지 못한 내용이구나' 하며 오답 자체를 인정해주는 부모의 태도가 중요하다. 무엇보다 '틀린 것이 부끄러운 것이 아니라 알려고 하지도 않는 것이 부끄러운 것'이라는 사실을 인식시켜주는 것이 좋다.

발표 잘하는 아이로
만드는 방법

2학년 아이들을 지도할 때의 일이다. 어떤 엄마가 아이가 오늘 발표를 했는지 안 했는지를 연락장에 표시해달라고 부탁을 한 적이 있다. 발표를 했다면 어떤 내용으로 발표했는지까지 적어달라고 했다. 수업 시간에 아이를 발표시키고 싶은 엄마의 마음을 이해 못 하는 것은 아니었지만, 교사에게 지나친 요구를 하는 것 같아 뒷맛이 개운하지 않았다. 발표를 잘하는 아이로 만들기 위해 다음의 몇 가지 방법들을 유념하면 좋다.

큰 소리로 책 읽기

발표를 잘하기 위해서는 목소리가 트여야 한다. 또한 발음도 정확해야 한다. 이런 능력들을 함양하는 방법으로 가장 좋은 것이 큰 소리로 책 읽기이다. 말 그대로 책을 읽을 때 눈으로만 읽지 않고 크게 소리 내어 읽는 것이다. 아이가 책 속의 문장을 정확한 발음으로 또박또박 읽게 하고, 대화문의 경우에는 감정까지 실어서 읽게 하는 것이 좋다.

일상생활에서 말할 기회 자주 갖기

발표는 일상적인 말하기가 그 바탕이다. 따라서 아이가 일상생활

속에서 말할 기회를 자주 갖도록 해주는 것이 좋다. 책을 한 권 읽고 그 책에 대한 느낌이나 소감을 말해보게 한다든지, 영화를 보고 영화에 대해 이야기를 나눈다든지, 뉴스나 신문을 보고 이야기를 나누어 보는 활동 등을 추천한다. 수줍음이 많은 아이에게는 수줍음을 극복할 수 있는 기회를 자주 주는 것이 좋다. 이웃집에 심부름 보내기, 슈퍼에서 간단한 물건 사 오기, 친척에게 안부 전화하기 등과 같이 약간의 용기가 필요한 말하기 기회를 자주 만들어주는 것이 좋다.

발표의 처음과 끝 여닫는 법 알고 연습하기

발표를 할 때에는 처음과 끝이 중요하다. 발표의 첫 부분을 자신 있게 잘 시작하면 이후 내용이 자연스럽게 잘 전개될 수 있고, 끝맺음을 잘하면 똑 부러진다는 인상을 남길 수 있다. 교사에 따라 발표의 처음과 끝맺음을 어떤 식으로 하면 좋은지 가르쳐주는 교사들도 있지만, 특별히 지도하지 않는 교사들도 있다. 학교에서 별도의 지도를 받지 않는다면, 집에서 부모가 아이에게 발표의 처음과 끝을 어떻게 열고 닫아야 하는지 그 방법을 가르쳐주고 연습시켜보자. 발표할 때 첫마디는 '어떤 것에 대해 제가 발표해보겠습니다' 정도가 무난하다. 발표를 마칠 때에는 '이상입니다' 혹은 '이상 발표를 마치겠습니다' 정도가 좋다. 이런 말들을 똑 부러지게 넣어가면서 발표하는 아이들은 특별해 보이기 마련이다.

상대방의 눈을 쳐다보며 듣는 습관 들이기

앞에서 발표의 기본은 듣기 능력이라고 이야기했다. 일상생활 속에서 듣기 훈련이 잘된 아이가 궁극적으로는 발표를 잘하는 아이가 될 수 있다. 듣기에서 가장 중요한 태도는 상대방의 눈을 바라보며 경청하는 자세이다. 상대방이 말하고 있을 때, 상대에게서 시선을 떼지 않고 바라보며 이야기를 듣는 자세는 상대방에 대한 최고의 배려이다. 평소에 아이에게 이런 점을 강조하도록 하고, 평상시에 대화를 나눌 때에도 상대를 바라보면서 말하고 듣는 습관을 들이도록 하는 것이 좋다.

자신감 쌓기

발표를 잘하지 못하는 아이들 중에는 자신감이 없어서 발표를 못하는 아이들이 많다. 아이가 자신감을 갖지 못하게 된 원인은 굉장히 다양하다. 부모의 양육 태도가 너무 엄격한 집안에서 자란 아이들은 대체로 자신감이 없다. 또한 자신의 의견을 자유롭게 말할 수 없고, 비수용적인 분위기의 가정에서 자란 아이들도 자신감이 부족하다. 부모가 칭찬과 격려에 인색한 경우에도 아이들은 자신감을 잃어버린다. 아이가 자신감이 없어서 발표를 잘 못한다면 그 원인을 살펴보는 것이 무엇보다 중요하다. 또한 아이가 학교에서 발표에 얼마나 참여하는지를 확인한다. 발표에 참여한 사실을 알았다면 칭찬과 격려를 아끼지 말자.

배경지식 쌓기

수업 내용과 관련된 배경지식이 있는 아이와 없는 아이는 발표 수준이 다를 수밖에 없다. 수준 있는 발표를 하기 위해서는 배경지식을 두텁게 쌓아야 한다. 배경지식을 쌓기 위한 가장 좋은 방법은 교과 내용과 관련된 책을 많이 읽게 하는 것이다. 교과 내용과 관련하여 미리 견학이나 현장학습을 다녀오는 것도 발표력 향상에 큰 도움이 될 수 있다. 교과서를 미리 읽어보는 정도의 예습만으로도 수업 내용의 배경지식을 쌓는 데 도움이 된다.

20

연산의 법칙

연산 능력이
수학 자신감을 결정한다

초등학교 수학 시험을 감독하다 보면 저학년과 고학년의 모습이 확연하게 다르다. 저학년 교실에서는 시험지를 나눠주고 20분도 채 지나지 않았는데 "선생님, 다 했는데 뭐해요?"라는 말이 들리기 시작한다. 한 아이가 이 말을 꺼내기가 무섭게 여기저기에서 "저도 다했어요. 뭐해요?"라고 아우성이다. 시험지를 다시 한 번 자세히 검토해보라고 하면 "선생님, 검토가 뭐예요?", "검토는 어떻게 하는 거예요?"라며 한바탕 난리가 난다. 이럴 때에는 더 큰 소동이 발생하기 전에, 시험지를 걷는 것이 상책이다.

고학년 교실은 조금 다른 분위기이다. 시험 시간이 다 끝나감에도 불구하고 "선생님, 다 했는데 뭐해요?"라는 말 대신, "선생님, 몇 분 남았어요?"라고 묻는 아이들이 태반이다. 시간에 쫓기는 것이다. 마침내 시험 시간 종료를 알리는 종이 울리면 여기저기에서 절박한 목소리가 들려온다. "선생님, 1분만 더 주시면 안 돼요?", "아니다. 선생님 5분만 더요!" 하나라도 더 풀고 싶어 애를 쓰는 아이들을 보면 안타까운 마음에 시간을 더 주고도 싶지만, 형평성을 생각해서 매정하게 안 된다는 말과 함께 시험지를 거둬들인다.

그렇다면 고학년이 되면 수학 시험 시간이 부족해지는 까닭은 무엇일까? 학년이 올라갈수록 배우는 내용이 어려워질 테니 시험을 볼 때 시간이 부족한 것은 당연한 일이 아닐까 하고 생각할지 모르겠다. 하지만 아이들이 수학 시험을 볼 때 시간에 쫓기는 이유는 '연산' 때문이다.

초등 수학에서 연산의 비중은 절대적이다

학부모 강연에 가서 저학년 때부터 빠르고 정확하게 연산할 수 있도록 훈련을 시켜야 한다고 이야기하면 다음과 같은 피드백이 온다.

"연산 훈련을 꼭 해야 하나요?"

"요즘은 창의력 수학, 문제해결력 수학이 대세라고 하던데요?"

이렇게 되묻는 학부모들은 초등학교 수학 교과서의 실제를 잘 모르는 사람들이다. 초등 수학에서 연산의 비중은 절대적이다. 우선 양적인 측면에서 연산은 전체 수학 교과서의 절반 이상을 차지한다.

학년별 수 연산 영역의 주요 내용과 단원 비중

학년	주요 내용	단원 비중
1학년	• 100까지의 수 • 간단한 수의 덧셈과 뺄셈 • 두 자리 수의 덧셈과 뺄셈	11개 단원 중 6개 단원
2학년	• 1,000까지의 수 • 두 자리 수의 덧셈과 뺄셈 • 세 자리 수의 덧셈과 뺄셈 • 구구단	12개 단원 중 5개 단원
3학년	• 10,000까지의 수 • 네 자리 수의 덧셈과 뺄셈 • 곱셈 • 나눗셈 • 분수 • 소수의 이해	12개 단원 중 7개 단원
4학년	• 다섯 자리 이상의 수 • 자연수의 사칙연산 • 여러 가지 분수 • 분모가 같은 분수의 덧셈과 뺄셈 • 소수 • 소수의 덧셈과 뺄셈	12개 단원 중 4개 단원
5학년	• 약수와 배수 • 약분과 통분 • 소수와 분수 • 어림하기 • 분모가 다른 분수의 덧셈과 뺄셈 • 분수의 곱셈과 나눗셈 • 소수의 곱셈과 나눗셈	12개 단원 중 7개 단원
6학년	• 분수의 나눗셈 • 소수의 나눗셈 • 분수와 소수의 크기 비교	12개 단원 중 5개 단원

초등학교 수학은 '수와 연산', '도형', '측정', '규칙성', '자료와 가능성' 등 총 5개의 영역으로 이루어져 있다. 하지만 초등학교 수학에서는 '수와 연산', '도형', '측정' 등 3가지 영역을 주로 다룬다. 그리고 저학년의 경우에는 '수와 연산' 영역이 절반 이상을 차지한다. '도형'과 '측정' 영역에서 등장하는 연산까지 포함하면 연산이 초등 수학의 70% 이상을 차지한다고 해도 과언이 아니다. 이런 이유 때문에 '연산을 잘하면 수학을 잘한다'라는 말은 일정 부분 맞는 이야기이다. 특히 초등학교 저학년에서 이 말은 거의 진리에 가깝다.

연산은 수학 자신감을 결정한다

많은 부모들이 연산을 등한시하는 이유 중 하나는 연산 능력이 아이의 수학 성적에 미치는 영향이 얼마나 큰지를 잘 모르기 때문이다. 저학년 때에는 연산 능력이 그 자체로 중요하다면, 고학년에게 연산 능력은 일종의 수단적 능력이다. 복잡한 수학 문제를 빠르고 정확하게 풀기 위해서는 연산 능력이 기본적으로 잘 갖춰져 있어야 한다. 저학년 때 연산 훈련을 잘 다져놓은 아이와 그렇지 않은 아이는 고학년이 되었을 때 엄청난 차이를 보인다.

특히 수학에 대한 자신감에서 큰 차이가 난다. 연산이 빠르고 정확한 아이들은 수학에 대한 자신감이 크다. 대부분의 아이들은 계산을 잘하면 수학을 잘한다고 생각한다. 사칙연산 실력이 곧 수학 실력은 아니므로 오류에 빠진 생각이긴 하지만, 연산을 잘하면 수학에 대한 자신감을 갖게 되니 오류치고는 괜찮은 오류이다.

또한 연산이 빠르고 정확하면 수학 시험 시간을 여유 있게 운용할 수 있다. 반면에 연산이 느린 아이들은 수학 시험을 볼 때 항상 시간에 쫓긴다. 저학년과 고학년 연산 문제를 예로 살펴보자.

저학년과 고학년의 연산 문제 풀이 예시

1학년 수학 연산 문제	6학년 수학 연산 문제
25+43 = □ [풀이 과정] 눈에 힘을 꽉 주고 문제에 나온 숫자를 제대로 본다. 25와 43을 더한다.	$\frac{3}{4}+\frac{2}{3}-0.1=\square$ [풀이 과정] $\frac{3}{4}+\frac{2}{3}-0.1=\frac{9}{12}+\frac{8}{12}-0.1$ $=\frac{17}{12}-0.1=\frac{17}{12}-\frac{1}{10}$ $=\frac{85}{60}-\frac{6}{60}=\frac{79}{60}=1\frac{19}{60}$

단순 연산 문제라고 하더라도 1학년 수학 연산 문제와 6학년 수학 연산 문제는 사뭇 다르다. 1학년 연산 문제는 눈에 힘을 꽉 주고, 문제에 등장한 숫자를 제대로 보기만 하면 단번에 풀 수 있는 반면, 6학

년 연산 문제는 여러 단계를 거쳐야 겨우 답이 나온다. 그뿐만 아니라 사칙연산을 모두 동원해야만 문제 풀이가 가능하다. 게다가 여기에서 예시로 든 문제처럼 단순한 연산 문제는 실제 시험에서 출제되지 않는다. 실제 시험에 출제되는 연산 문제 중 가장 쉬운 축에 속하는 연산 문제는 다음과 같은 객관식 문제이다.

1학년과 6학년의 수학 시험 연산 문제 예시

1학년 수학 연산 문제	6학년 수학 연산 문제
다음 중 계산한 결과가 가장 작은 것은 어느 것입니까? ( )	다음 중 계산한 결과가 가장 작은 것은 어느 것입니까? ( )
① 23 + 52	① $\frac{3}{4} + \frac{2}{3} - 0.1$
② 34 + 45	② $0.2 + \frac{2}{3} - 0.1$
③ 31 + 33	③ $0.7 + \frac{3}{4} - \frac{2}{3}$
④ 24 + 32	④ $\frac{3}{4} + \frac{2}{3} - 0.8$
⑤ 44 + 35	⑤ $\frac{3}{4} - \frac{2}{3} + 0.5$

연산에 자신이 없는 아이들은 이런 객관식 문제 앞에서 '멘붕'에 빠진다. 1학년 연산 문제는 5번만 덧셈을 하면 답을 찾을 수 있겠지만, 6학년 연산 문제의 정답을 찾기 위해서는 적어도 30번의 사칙연산을

해야 한다. 상황이 이렇다 보니 연산이 빠르고 정확한 아이들은 수학 시험 시간을 비교적 여유롭게 운용할 수 있지만, 그렇지 못한 아이들은 수학 시험을 볼 때 항상 시간에 쫓기게 되는 것이다. 따라서 저학년 때부터 꾸준히 연산 훈련을 해야만 한다.

연산 훈련의 원칙과 방법

"선생님, 저희 아들은 연산을 너무 싫어하는데 어떻게 해야 하나요?"

학부모 강연을 마치고 난 뒤, 1학년 학부모 한 분이 질문을 던졌다. 아들에게 언제부터 연산 훈련을 시켰느냐고 물었더니, 6살 때부터 시켰다고 했다. 필자는 이렇게 대답했다.

"연산 훈련을 너무 일찍 시작하셨네요. 너무 일찍 시작해서 아이가 연산 훈련에 질린 것 같네요. 연산 훈련은 1학년 2학기 정도부터 시작하시는 게 좋습니다."

연산의 중요성을 전혀 알지 못해 연산 훈련을 아예 시키지 않는 부모가 있는가 하면, 반대로 연산 훈련을 너무 일찍 시켜서 아이가 연산의 원리를 깨닫기도 전에 수학을 싫어하게 된 경우도 있다. 다음의 몇 가지 원칙을 지켜가면서 연산 훈련을 시킨다면 연산이 내 아이의 수학 발목을 잡는 일은 없을 것이다.

연산 훈련은 시작 타이밍이 중요하다

어떤 학부모들은 연산 훈련을 초등학교 입학 전부터 시키기도 하는데, 자칫 아이가 일찍부터 수학에 흥미를 잃을 위험이 크다. 연산 훈련은 반드시 개념 원리를 완벽히 이해한 뒤에 시작해야만 탈이 없다. 초등학교 입학 전에 덧셈과 뺄셈을 빠르게 할 줄 안다고 해도 현실적으로 얻을 수 있는 유익은 그다지 없다. 오히려 수업 시간에 방해가 될 확률이 더 높다. 초등학교 1학년 1학기 수학 시간에는 '2+3' 정도의 연산을 배우는데, 이때 연산 훈련을 이미 마치고 입학한 아이가 '5'라고 정답을 말해버리고 너무 쉬워서 재미가 없다는 식의 피드백을 하거나 수업에 집중하지 않으면, 교사 입장에서는 다른 아이들을 데리고 수업을 끌고 나가기가 쉽지 않다.

연산 훈련을 일찍 시키기보다는 아이와 수학 놀이를 하거나 수학 동화를 읽으며 수학에 대한 흥미를 이어가는 편이 낫다. 연산 훈련은 입학 후에 서서히 시작해도 늦지 않다. 1학년 1학기 때 덧셈과 뺄셈의 개념 원리를 배우는데, 1학년 여름방학이나 1학년 2학기부터 이전에 배운 내용을 숙달한다는 생각으로 연산 훈련을 시작하는 것이 좋다.

하지만 너무 늦게 시작해도 연산 훈련의 효과가 반감된다. 아이가 연산의 정확성이나 속도가 떨어진다면 늦어도 4학년에는 연산 훈련을 시작해야 한다. 수학 교과 내용에서 자연수의 사칙연산은 4학년 때 마무리 된다. 이때가 지나면 분수와 소수 개념을 집중해서 배워야 한다. 분수와 소수의 사칙연산은 자연수의 사칙연산이 원활하게 되지 않으면 매우 어렵게 느껴지기 때문에, 아이의 연산 수준을 살펴보고 적어도 4학년 무렵에는 연산 훈련을 시작해야 한다.

속도보다는 정확도를 먼저 따져야 한다

연산 훈련을 시작했다면 꼭 간과하지 말아야 할 원칙이 있다. 바로, 속도보다 정확도를 중시해야 한다는 사실이다. 아이들은 이상하리만큼 문제를 푸는 속도에 집착한다. 누가 빨리 풀라고 채근한 것도 아닌데 기를 쓰고 속도 경쟁을 한다. 하지만 아무리 빨리 푼다 한들 틀리게 푼다면 아무런 의미가 없다. 빨리 푸는 데에 집중한 나머지, 문제를 풀 때마다 습관적으로 항상 몇 개씩 틀리는 실수가 반복되면, 아이는 본능적으로 자신의 계산 결과를 신뢰하지 못하게 된다. 자신의 계산 실력을 스스로 신뢰하는지 여부는 수학 문제를 풀 때 굉장히 큰 영향을 미친다. 따라서 연산 훈련을 시킬 때 처음부터 '속도보다 정확도'를 우선시하는 태도를 보이도록 하자.

한 번에 많은 분량을 공부 시키지 않는다

'매일, 조금씩'은 연산 훈련을 할 때에도 대원칙으로 삼아야 한다. 하루에 연산 훈련 교재를 한두 장 정도 푸는 것으로 충분하다. 시중에 나와 있는 연산 훈련 교재를 한 장 푸는 데 평균적으로 약 5분 정도 걸린다. 부모 입장에서는 그 정도로 충분할까 싶지만, 교사로서 단언컨대 그 정도로도 충분하다. 아이가 아쉬운 마음이 들어 한 장 더 풀면 안 되겠냐고 물을 정도로 연산 훈련을 시키는 것이 가장 바람직한 방법이라고 말하고 싶다.

연산 훈련은 수학 공부 직전에 하는 것이 좋다. 운동을 하기 전에 준비운동을 하듯이, 수학 공부를 하기 전에 연산 훈련을 하면 집중력 향상에도 도움이 되고, 수학 공부도 한결 효율적으로 할 수 있다.

오답이 많이 나오는 단계는 집중적으로 연습시킨다

아이에게 연산 훈련을 시키다 보면, 유독 오답이 많이 나오는 단계가 있기 마련이다. 이 단계를 집중적으로 연습시킬 필요가 있다. 오답이 많이 나온다는 것은 연산의 원리를 잘 모른다는 의미이다. 따라서 오답이 많이 나오는 부분의 개념 원리를 다시 한 번 짚어주고 해당 단계를 제대로 이해하고 넘어갈 수 있도록 도와줘야 한다.

아이의 특성을 고려한다

연산 훈련이 수학 실력 향상에 기여하는 바가 크다는 사실은 자명하다. 그렇지만 연산 훈련이 잘 맞는 아이가 있는가 하면 그렇지 않은 아이도 있다. 다른 공부법과 마찬가지로 연산 훈련도 아이의 기질과 특성을 고려해서 실시해야 한다. 연산 훈련은 반복을 좋아하는 아이들에게 효과가 있다. 연산 훈련의 가장 큰 특징은 반복 숙달이다. 어제 푼 문제나 오늘 푸는 문제나 숫자만 바뀔 뿐 본질적인 원리는 똑

같다. 반복을 싫어하는 아이들에게 연산 훈련은 고역이다. 아이가 반복 학습을 싫어한다면 연산 훈련을 통해 연산 능력을 향상시키기 어려울 수도 있다. 또한 연산 훈련은 경쟁심이 강한 아이들에게 효과가 크다. 연산 훈련은 정확하고 빠르게 계산하는 것을 목적으로 하기 때문에 승부 근성이 강할수록 연산 능력이 탁월하게 향상된다.

주산은 연산 능력 향상에 탁월한 효과가 있다

최근 들어 주산이 다시 각광을 받기 시작했다. 주산은 수판으로 셈하는 것인데, 연산 능력 향상에 큰 효과가 있다. 그뿐만 아니라 듣기 능력과 집중력 향상에도 탁월하다. 다만, 주산은 2년 이상 꾸준히 해야 연산 능력 향상의 효과를 볼 수 있다.

엄마표 연산 훈련 시키기

연산 훈련을 시키는 방법에는 크게 두 가지가 있다. 하나는 엄마가 직접 연산 교재를 가지고 시키는 방법이고, 다른 하나는 학습지를 시키는 방법이다. 학습지로 연산 훈련을 시키는 방법이 한결 편할 수는 있겠으나 그렇다고는 해도 숙제 점검처럼 엄마가 신경을 써야 하는 부분이 없지 않다. 비용이 부담스러울 수도 있다. 약간 귀찮을 수도 있겠지만, 연산 훈련 교재만 잘 선택해서 꾸준히 해나간다면 엄마표 연산 훈련도 충분히 해볼 만하다.

- 『기적의 계산법』, 길벗스쿨

- 『기탄수학』, 기탄교육

- 『수학 철저반복』, 삼성출판사

- 『메가 계산력』, 메가스터디

21

노출의 법칙

영어는
노출이다

현행 교육 과정상 초등학교에서는 3학년부터 영어를 배운다. 영어는 어려서부터 배워야 효과가 있으니 1학년부터 가르쳐야 한다고 주장하는 측과 모국어를 먼저 잘 배워야 하니 초등학교 때에는 영어를 가르치지 말아야 한다고 주장하는 측이 있다. 누구 말이 맞고 안 맞고를 떠나서 학부모나 학생들 입장에서 영어는 뜨거운 감자와도 같은 존재이다. 교과 비중으로 따지면 초등학교에서는 국어나 수학만은 못한 과목이지만, 중·고등학교에 가서는 그 비중이 굉장히 커지는 과목이 영어이다. 영어는 수능에서뿐만 아니라 취업에서도 중요한 변수로 작용한다. 오죽하면 '대학은 수학이 결정하고, 인생은 영어가 결정한다'라는 말이 나오겠는가?

현실이 이렇다 보니 한 달 수업료가 수백만 원을 호가하는 영어 유치원에 서로들 보내려고 하고, 방학을 이용해 영어권 국가에 단기 어학연수를 다녀오는 초등학생들의 수가 헤아리기조차 힘들만큼 많다. 하교 시간이 되면 아이들 픽업을 위해 정문에 줄지어 서 있는 버스 행렬 속에 유독 영어 학원이나 어학원 차가 많다. 실제로 초등학교 저학년 아이들이 가장 많이 다니는 학원은 영어 학원이다. 방과후 프로그램들 중에서도 단연 인기를 독차지하는 프로그램은 영어와 관련된 프로그램이다.

영어 학습에 관한 정보가 그 어느 때보다 넘쳐나는 가운데, 무엇보다 절실한 것은 부모의 원칙과 소신이다. 영어는 다른 어떤 과목보다 공부법이 다양하기 때문에 부모가 중심을 잡지 못하고 이런 학습법, 저런 학습법을 오가며 기웃대다 보면 아이가 혼란에 빠진다.

영어는 외국어이다

영어 공부를 하기 전에 꼭 기억해야 할 점이 있다. 영어는 외국어라는 사실이다. 영어를 외국어라고 생각하면 영어를 대할 때 마음이 한결 가벼워질 뿐만 아니라, 영어 공부의 원칙을 정립하는 데에도 도움이 된다.

우리는 초등학교 때부터 대학교를 졸업할 때까지 영어를 10여 년 이상 배움에도 불구하고, 공부한 시간 대비 영어로 유창하게 말하는 사람을 보기가 힘들다. 어찌 보면 당연한 결과이다. 영어는 외국어이기 때문이다. 언어학적 관점에 봤을 때, 우리말은 우랄알타이어족에 속하지만 영어는 인도유럽어족으로 그 기원부터 전혀 다르다. 그뿐만 아니라 문장 구조 자체가 다르기 때문에 우리나라 사람이 영어를 어려워하는 것은 지극히 당연하다.

게다가 인간의 뇌는 구조적으로 만 7세 이후에 습득한 언어는 외국어로 받아들인다. 그렇기 때문에 아주 어렸을 때부터 외국에서 살았거나 부모가 이중 언어를 구사하는 특수한 가정환경에서 자라지 않는 이상, 영어를 모국어처럼 구사하기란 애당초 불가능하다.

간혹 어렸을 때부터 영어를 모국어처럼 구사할 수 있도록 우리말도 제대로 하지 못하는 어린아이를 영어 유치원에 보내는 부모들이 있는데, 투자 대비 결과가 썩 시원치 않다고 생각된다. 영어 유치원 출신 아이들 중에 영어를 배우느라 모국어의 체계를 제대로 습득하지 못해서 초등학교에 입학한 뒤, 학습 부진아로 전락하는 경우를 왕왕 보았다. 특히 모국어 표현력을 한참 길러야 하는 시기에 외국어를 배우는 데에 에너지를 쏟다 보니 그로 인해 제대로 된 자기표현을 하지 못한 아이들은 우울감이나 공격성을 보이기도 한다. 여자아이들보다 남자아이들에게서 그러한 경향이 훨씬 두드러졌다. 따라서 조기 영어 교육을 고민한다면, 아이의 특성을 잘 살펴보고 신중하게 고려해야 한다.

영어는 외국어이기 때문에 아무리 잘한다고 해도 모국어인 우리말보다 잘할 수는 없다. 사람의 언어는 모국어와 외국어로 구분된다. 두 개의 모국어는 있을 수 없다. 항상 하나의 모국어를 기반으로 다른 언어를 받아들이기 마련이다. 그런데 모국어 체계가 완전하게 자리 잡지 않은 어린 나이에 영어를 강압적으로 학습하면, 모국어와 영어를 둘 다 제대로 하지 못할 가능성이 크다. 모국어로 자신의 생각과 감정을 잘 표현하는 아이들이 영어 표현력도 뛰어나다. 영어는 우리말을 잘하는 수준까지만 잘할 수 있다. 외국어 실력은 언제나 모국어 실력이 뒷받침되어야 한다.

영어를 외국어로 인정하는 순간, 모국어인 우리말과 영어 중에 어느 것을 더 먼저 배워야 할지 그 우선순위가 명확해진다. 그런데 부모의 조급함과 비교 의식이 이 순서를 뒤죽박죽으로 만들어버린다. 아무리 급하다고 해도 실을 바늘허리에 묶어 사용할 수는 없는 법. 아이의 영어 공부가 걱정되더라도, 모국어부터 제대로 잘할 수 있도록 가르치는 것이 순서이다.

영어를 배우는 원리는
우리말을 배우는 원리와 같다

어린아이가 태어나서 우리말을 습득하는 과정을 알면 영어를 어떻게 학습해야 할지에 대해서 감을 잡을 수 있다. 아이는 태어나서 말문이 터지기 전까지 계속 듣기만 한다. 그러다가 생후 4~6개월 정도가 지나면 옹알이를 하고, 어느 순간 '엄마', '아빠'와 같은 단어를 말하기 시작하면서 본격적으로 말을 뗀다. 말하기 다음은 읽기이다. 아주 쉬운 그림책부터 읽기 시작해서 점차 글이 많은 책으로 옮겨가며 책을 읽어나간다.

즉, 우리말을 습득하는 과정을 살펴보면 '듣기 → 말하기 → 읽기'의 순서를 거친다. 그런데 우리가 영어를 배울 때에는 보통 어떤 순서로 배웠는가? 우리말 습득 순서와 반대로 배우지 않았던가? 최근에는 추세가 조금 달라졌다고는 하지만, 보통 알파벳 읽고 쓰기를 먼저 익히고, 그다음에 말하기, 듣기의 순서로 영어를 배운다. 하지만 영어를 자연스럽게 배우려면 우리말과 같은 순서로 배워야 한다는 원칙을 정하고 접근할 필요가 있다.

듣기는 '흘려듣기'와 '집중 듣기'로 나눠서 진행하는 것이 좋다. 영아들은 듣기를 할 때 귀를 쫑긋 세우고 듣지 않는다. 모든 소리를 그냥 흘려서 듣는다. 영어를 배울 때에도 마찬가지로 접근해야 한다. 처음에는 아주 쉬운 오디오북이나 DVD 등을 틀어주고 계속 흘려듣게 한다. 흘려듣다 보면 처음에는 하나도 들리지 않던 어휘나 문장들이 어느 순간 한두 개씩 익숙하게 들려오는 순간이 온다. 그뿐만 아니라 흘려듣기를 반복하면 아이의 무의식 속에 영어 DNA가 형성되어 영어를 잘할 수 있는 토대가 마련된다.

흘려듣기와 병행하면 좋은 것이 집중 듣기이다. 흘려듣기는 다른 일을 하면서 영어 사운드를 그냥 흘려듣는 것이라면, 집중 듣기는 말 그대로 책상에 앉아 오디오나 DVD에서 흘러나오는 영어 사운드를 귀를 쫑긋 세우고 듣는 것을 말한다. 물론 처음부터 집중 듣기를 좋아할 아이는 없다. 처음에는 소리와 글자를 맞추기도 어렵다. 하지만 처음에는 잘 들리지 않던 단어와 문장들이 차츰차츰 귀에 들어오기 시작하면 아이는 어느 순간 오디오 소리가 느리다는 생각을 하게 된다. 그때가 바로 레벨 업을 시켜주기에 적절한 시기이다.

집중 듣기를 통해 영어 귀가 트이기 시작했다면 그때부터 영어 책 읽기를 시작하면 된다. 이때 '아이 수준에 비해 너무 쉬운 거 아니야?'라는 생각이 들 만큼 쉬운 책부터 읽히는 것이 좋다. 또한 아이의 의사를 무시하고 '하루에 영어 책 10권 읽기' 혹은 '하루에 영어 책 1권 10번 읽기' 등을 강요하면 곤란하다. 부모의 강요로 공부를 하게 되면 아이가 영어에 대해 싫은 감정만 생기기 십상이다. 언제나 학습은 부모 중심이 아닌 아이 중심으로 이루어져야 한다.

영어는 나만의 루틴이 중요하다

영어 단어 '루틴Routine'은 '틀에 박힌 일을 반복적으로 하는 것'을 가리 킨다. 어떤 일이든 지독하게 반복하다 보면 그것이 쌓여 나중에 엄청 난 결과를 거두게 된다. 영어는 다른 어떤 과목보다 루틴과 꾸준함이 요구된다. 하루에 공부할 분량을 정해놓고 어떤 일이 있어도 그 공부 분량을 매일매일 채워나가다 보면 나중에는 영어를 잘할 수밖에 없 게 된다.

1학년 아이들을 지도할 때의 일이다. 로운이는 매일 아침 영어 학 원을 갔다가 등교했다. 대부분의 아이들이 아침에 일어나서 아침밥을 챙겨 먹고 제시간에 등교하는 것을 힘겨워하는데 반해, 로운이는 하 루의 시작이 남다른 아이였다. 담임교사였던 나조차도 저러다 말겠지 싶었는데, 로운이는 1학년이 끝날 때까지 자신의 루틴을 지켜나갔다. 어떻게 보면 로운이보다 로운이 엄마가 더 대단하다는 생각도 들었 다. 로운이 엄마는 직장을 다니는 분이셨는데, 출근길에 로운이를 영 어 학원에 데려다주고 출근했던 것이다. 학년말 무렵, 로운이의 영어 실력은 다른 아이들과 사뭇 다른 수준에 도달해 있었다.

루틴의 중요성을 깨달은 나는 6학년 아이들을 지도할 때 아침 자습 시간마다 이솝우화를 영어로 서너 번씩 반복해서 들려주었다. 10분 이면 충분했다. 그렇게 일주일 동안 똑같은 내용을 반복해서 들려주면, 놀랍게도 목요일이나 금요일 무렵에 많은 아이들이 영어로 들려준 문장을 그대로 외워서 따라 하곤 했다. 이 활동을 1년간 꾸준히 진행했더니 총 40편 정도의 영문판 이솝우화를 들려줄 수 있었는데, 많은 아이들이 자신의 영어 듣기 실력이 처음보다 많이 나아진 것 같다며 좋아했다.

이렇게 영어 공부에서는 루틴이 꼭 필요하다. '하루에 영어 단어 5개 외우기', '영어 문장 5개 이상 적어보기'처럼 마음만 먹으면 일상에서 쉽게 실천할 수 있는 루틴을 정해놓고, 매일 꾸준히 실행해나가면 몇 년 뒤에는 반드시 영어를 잘하는 아이가 되어 있을 것이다.

초등학생에게 맞는 영어 공부법

챈트 Chant

영어는 철저하게 즐기면서 배워야 한다. 영어를 신나게 배울 수 있는 방법 중 하나는 음악을 이용하는 것이다. 흥겨운 리듬과 가락을 통해 영어를 반복해서 학습하는 방법인 챈트는 영어에 대한 관심과 흥미를 북돋워줄 수 있다. 하지만 아이가 영어에 어느 정도 재미를 붙였다면, 그 후에는 챈트로 영어를 배우는 방식은 자제하는 편이 낫다. 영어의 바른 억양 등을 배울 수 없기 때문이다.

영어 동영상

영어 동영상을 시청하는 것도 영어를 즐겁게 배울 수 있는 좋은 방법이다. 특히 아이들이 좋아하는 만화영화 DVD를 하나 선택해서 집중적으로 반복해서 시청하면 굉장히 효과가 좋다. 이때 한글이든 영어든 자막은 제거하고 보는 편이 듣기 실력 향상에 훨씬 더 많은 도움이 된다. 만화영화에 등장하는 영어는 어휘도 쉽고, 발음이 정확할 뿐만 아니라 정제된 표현을 쓰기 때문에 교육용으로 아주 적합하다. 아이가 영어 동영상을 시청하다 모르는 단어나 표현을 물으면 별도로 가르쳐주는 것이 바람직하다.

영어 그림책

모국어의 어휘력과 사고력, 표현력을 키우기 위해서 책을 많이 읽어야 하듯이, 영어의 어휘력과 표현력을 신장시키기 위해서는 영어책을 많이 읽어야 한다. 그중에서도 영어 그림책 읽기는 초등학생의 영어 공부법으로 권할 만하다. 영어 그림책은 글밥도 적고 재미난 그림과 흥미진진한 스토리가 담겨 있기 때문에 아이가 거부감 없이 영어를 공부하기에 적합한 텍스트이다.

영어 그림책을 선정할 때에는 아이의 영어 수준을 고려하여 선택해야 한다. 또한 아이의 성향에 따라 도전하기를 좋아하는 아이는 조금 어려운 영어 그림책을, 그렇지 않은 아이는 조금 쉬운 것을 선택하는 편이 낫다. 저학년일수록 그림이 많이 들어간 것을 선택하도록 하

고, 아이가 이미 내용을 알고 있는 그림책으로 읽기를 시작하면 거부
감을 줄일 수 있다. 다 읽었다고 해서 매번 책을 바꾸기보다는 같은
책을 반복해서 읽는 것이 좋다. 그러면 그림책에 등장하는 좋은 표현
들을 외우게 되고, 그렇게 외운 표현들은 영어 말하기나 영어 쓰기에
활용할 수 있다.

22

한자 학습 기적의 법칙

한자를 알면
개념 이해가 쉬워진다

몇 년 전에 초등학교 교과서에 한자를 병기할 것인지를 두고 찬반 논쟁이 뜨거웠다. 한자 병기를 찬성하는 측은 한자 병기만으로도 아이들이 단어의 뜻을 정확하게 이해할 수 있기 때문에 공부하는 데 큰 도움이 된다고 주장했다. 한자 병기를 반대하는 측은 한글로도 이미 충분히 의미가 전달되는데, 굳이 한자를 병기해 학생들과 학부모들의 부담을 가중시킬 필요가 없다고 주장했다. 교육시민단체인 '사교육걱정없는세상'은 자체 조사 결과, 학부모 10명 중 7명은 초등학교 교과서에 한자를 병기할 경우, 자녀에게 한자 사교육을 시켜야 할 것으로 생각된다고 응답한 결과를 근거로 한자 병기를 반대했다. 더불어서 교육부에 초등학교 한자 교육 도입을 지속적으로 요구해온 '전국한

자교육추진총연합회'가 한자급수시험을 주관하여 이익을 취하는 단체라고 지적하며 초등학교 한자 교육 도입을 적극적으로 반대했다.

결과적으로 초등학교 교과서 한자 병기 논의는 없었던 일로 매듭지어졌다. 하지만 뒷맛이 영 개운하지 않다. 초등학생들에게 한자를 가르쳐야 할지 말아야 할지를 결정하는 과정에서 정작 고려가 되었어야 할 문제들은 논외로 치부되고, 어른들의 진영 논리와 정치적·경제적 셈법만 동원된 듯한 인상을 받았기 때문이다.

한자를 배워서 얻을 수 있는 장점

한글 전용과 한글 한자 병용 중 무엇이 옳고 그른지 따지는 것을 떠나서, 공부에 유익이 있는지 여부만 두고 생각해본다면 한자를 아는 것은 아이 공부에 분명 큰 도움이 된다.

우선 한자를 알면 공부에 절대적인 영향을 끼치는 어휘력 향상에 결정적인 도움을 받을 수 있다. 우리말 어휘 중 70% 이상이 한자어라는 사실은 이미 상식이다. 만일 학습 어휘로만 한정시키면 한자어의 비중은 90% 이상에 다다른다.

정부 수립을 둘러싼 **혼란** 속에서 **국제 연합**은 **남북한 총선거**로 **통일**

정부를 **수립**하기로 **결정**했다. **국제 연합**에서는 **선거**를 **공정**하게 **관리**하려고 **한국 임시 위원단**을 **조직**해 **한반도**로 보냈다.

– 6학년 1학기 사회 63쪽

위의 내용은 6학년 사회 교과서의 일부를 발췌한 것이다. 굵게 표시한 단어는 모두 한자어이다. 우리말은 '~을', '~은', '~로', '~다', '~를', '~하게' 등으로 대부분 조사나 어미라는 사실을 알 수 있다.

한자를 모르는 아이들을 지도하다 보면 부딪히게 되는 난제 중 하나가 어려운 어휘를 사용할 수 없다는 것이다. 한자를 조금만 알면 금세 뜻을 이해할 수 있는 어휘들인데, 아이들이 한자를 몰라서 단어의 뜻을 한참 동안 설명해야 할 때가 많다.

한자를 알면 한글을 철자법에 맞게 더욱 정확히 쓸 수 있다. 요즘 아이들의 받아쓰기 실력은 저학년 고학년 가릴 것 없이 그야말로 참상에 가깝다. 대체로 초등학교 입학 전에 한글을 떼고 들어온다고는 하지만 받아쓰기 시험을 치러보면 실력들이 영 시원찮다. 고학년이 되어서도 소리 나는 대로 쓴다든지 받침을 틀리게 적는 아이들이 수두룩하다. 철자법에 맞춰 정확하게 글자를 쓰지 못하는 이유 중 하나는 한자를 잘 모르기 때문이다. 예를 들어 '소질 계발'을 '소질 개발'로 쓰는 것은 '계발啓發'이라는 한자를 모르기 때문이다. '세배'를 '새배'로 쓰는 것도 같은 맥락에서 벌어지는 일이다. 어떤 아이는 "공중 화장실이 왜 공중에 없고 땅에 있나요?"라는 질문을 해서 필자를 당황스럽게 만든 적이 있었다. '공중公衆' 화장실을 '공중空中' 화장실로 잘못 알고 하는 질문이다. 그렇기 때문에 역설적이지만 한자를 알면 한글을 더욱 정확하게 사용할 수 있는 바탕이 된다.

즉, 한자를 알아야 우리말을 제대로 정확하게 이해할 수 있다. 한번은 3학년 아이들에게 '공수 인사'를 가르치면서 '공수拱手'의 뜻을 물어보니 대답할 줄 아는 아이가 한 명도 없었다. 그나마 한 아이가 "손을 공손하게 하는 것" 정도로 말했다. 아이들은 '공수'라는 단어에서 '수手'자가 '손'을 의미한다는 것은 알았지만, '공拱'의 뜻을 몰라 단어 전체의 의미를 말하지 못했다. 아이들에게 재차 '공'이 무슨 한자일지 생각해보자고 하니, 한 아이가 "배꼽 공이요! 배꼽 위에 손을 올리니까요"라고 답했다. 그럴싸한 답이었다. 그러나 '공수 인사'에 쓰이는 '공'자는 '두 손 맞잡을 공'이라는 한자이다. 이 사실을 알려주자 일순간 아이들의 입에서 "아하!" 하는 탄식이 흘러나왔다. 아이들은 그제야 공수 인사의 진짜 의미를 알게 된 것이다.

한자를 배우면 글을 읽을 때 생각을 하며 읽는 좋은 습관이 형성될 수 있다. 한자는 뜻글자이기 때문에 단어의 의미를 제대로 알지 못하면 글을 읽어나갈 수 없다. 따라서 글을 읽을 때 의미를 파악하기 위해 유심히 문장을 읽게 되고, 이것이 습관이 되면 행간의 뜻을 파악하며 책을 읽는 태도가 길러진다. 이는 사고력의 증진과 학습 능력의 발달로 이어진다.

또한 한자를 알면 비록 모르는 단어라고 할지라도 그 뜻을 나름대로 유추해낼 수 있다. 예를 들어 '물 수水'를 아는 아이라면, '수도', '수로', '생수', '수질', '온수', '냉수'와 같은 단어들을 접했을 때, 그 뜻을 정확히 알지 못하더라도 물과 관련된 무엇을 의미한다고 미루어 짐작할 수 있다.

한자는 좌뇌와 우뇌를 고르게 발달시킨다

인간의 뇌에서 우뇌는 전체적인 이미지나 인상의 처리를 담당하고, 좌뇌는 논리적인 분석과 의미의 파악을 담당한다. 좌뇌와 우뇌의 발달 시기는 조금 다르다. 우뇌는 0~6세 사이에 활발하게 발달하다가 6세가 지나면 거의 발달을 멈춘다. 반면에 좌뇌는 3세 무렵부터 발달하기 시작해서 7세 이후부터 본격적으로 발달한다고 한다. 좌뇌를 '언어 뇌'라고 일컫는 이유도 말하기, 듣기, 읽기, 쓰기 등 언어 활동과 관련된 모든 일을 좌뇌에서 처리하기 때문이다.

한글이나 영어처럼 소리가 나는 대로 읽는 '소리 글자(표음문자)'는 주로 언어 뇌인 좌뇌에서 처리한다. 반면 한자는 사물의 모양을 그대로 본떠 만든 '의미 글자(표의문자)'이기 때문에 '이미지 뇌'인 우뇌도 언어의 인식과 처리에 관여한다. 따라서 우뇌 활동이 왕성한 시기에 한자 교육을 시키면 우뇌가 발달함은 물론이고, 좌뇌에도 영향을 끼쳐 논리적 사고력까지 향상되는 효과가 있다. 즉, 어린 시절에 하는 한자 교육은 단순히 한자 몇 글자를 아는 데에서 그치는 것이 아니라, 양쪽 뇌를 동시에 자극해 학습 효과를 극대화시킬 수 있는 바탕이 된다.

한자를 알면 교과서 개념 이해가 쉬워진다

교과서에는 많은 개념들이 등장한다. 개념들은 고스란히 시험 문제로 출제된다. 다음은 4학년 사회와 3학년 과학 시험 문제이다.

4학년 사회 문제

다음 ㉠과 ㉡에 들어갈 낱말이 바르게 짝지어진 것은 어느 것입니까?

> 바다에서 물고기를 잡거나 기르고, 김과 미역을 기르는 일 등을 　㉠　이라 하고, 산에서 나무를 가꾸어 베거나 산나물을 캐는 일 등을 　㉡　이라고 합니다.

① ㉠ 농업 ㉡ 임업　　② ㉠ 어업 ㉡ 임업

③ ㉠ 임업 ㉡ 어업　　④ ㉠ 어업 ㉡ 농업

⑤ ㉠ 임업 ㉡ 농업

다음 〈보기〉의 암석에 대하여 옳게 설명한 것은 어느 것입니까?

──────── 〈보 기〉 ────────

이암, 사암, 역암, 석회암

---

① 사암은 자갈이 굳어져 만들어진 암석입니다.

② 이암은 모래가 굳어져 만들어진 암석입니다.

③ 석회암은 진흙이 굳어져 만들어진 암석입니다.

④ 역암에 묽은 염산을 떨어뜨리면 거품이 생깁니다.

⑤ 〈보기〉의 암석들은 모두 퇴적물이 굳어져 만들어진 암석입니다.

위의 문제들은 크게 어려운 문제가 아니다. 어업, 임업, 이암, 사암, 역암, 석회암과 같은 개념 어휘들의 뜻을 알고 있는지를 묻는 문제이다. 문제는 이런 개념 어휘들이 모두 한자어라는 사실이다.

수학 교과서에 등장하는 개념들도 한자를 알면 이해하기가 너무 쉬워진다. 고학년 아이들에게 '대분수'가 무엇이냐고 개념을 물으면 많은 아이들이 "큰 분수요"라고 대답한다. 재미있는 답변이다. 아이들 나름대로 알고 있는 한자를 동원해서 대분수의 의미를 해석한 것이다. 하지만 대분수의 '대'는 '클 대大'가 아니라 '띠 대帶'이다. 즉, 대분수는 분수의 모양이 허리띠를 두른 모양과 같아서 붙여진 이름이다. 이처럼 한자 한 글자만 알아도 수학 개념을 이해하는 데 큰 도움이 될 뿐만 아니라, 개념을 잘못 이해하는 일도 예방할 수 있다.

필자는 고등학교 때까지도 분수의 계산 결과를 $\frac{5}{3}$와 같은 가분수 형태가 아닌 $1\frac{2}{3}$와 같은 대분수로 고쳐서 써야 하는 이유를 몰랐다. 가분수의 제대로 된 뜻을 알고 나서야 그 이유를 깨달았다. 가분수에서 '가'는 '거짓 가假' 자이다. 즉, 가분수를 문자 그대로 해석하면 '거짓 분수'인 것이다. 가분수는 영어로 'Improper fraction(부적절한 분수)'이라고 쓴다. 진짜 분수인 진분수나 대분수를 놔두고, 거짓되고 부적절한 분수로 표기하면 안 된다는 사실을 뒤늦게 알았던 것이다. 이처럼 초등학교 수학 교과서에 등장하는 많은 용어들은 우리말과 더불어 한자를 알면 그 개념이 확실하게 이해되는 것이 많다.

초등학교 수학 교과서에 등장하는 한자 용어들

용어	한자	개념
진분수	眞分數	'진짜(眞) 분수'라는 의미이며, $\frac{1}{4}$, $\frac{2}{4}$, $\frac{3}{4}$과 같이 분자가 분모보다 작은 분수를 말한다.
가분수	假分數	'거짓(假) 분수'라는 의미이며, $\frac{4}{4}$, $\frac{5}{4}$와 같이 분자가 분모보다 크거나 같은 분수를 말한다.
대분수	帶分數	'허리띠(帶)를 두른 것과 같은 모양을 한 분수'라는 의미이며, $1\frac{1}{3}$과 같이 자연수와 진분수로 이루어진 분수를 말한다.
대각선	對角線	'마주보는(對) 각(角)을 이은 선분(線)'을 말한다.

둔각	鈍角	'둔하고 무딘(鈍) 각'을 의미하며, 90°보다 크고 180°보다 작은 각을 말한다.
예각	銳角	'예리하고 날카로운(銳) 각'을 의미하며, 90°보다 작고 0°보다 큰 각을 말한다.
등호	等號	'같음(等)을 나타내는 기호(號)'를 의미하며, 좌변과 우변이 같음을 나타내는 수학 기호이다.
원주	圓周	'원의 둘레(周)'를 의미하며, 원주의 길이는 지름×3.14인 특징이 있다.
약분	約分	'분수를 간략(約)하게 만든다'라는 의미로, 예를 들어서 $\frac{8}{12}$을 분모 분자의 최대공약수인 4로 나누어서 $\frac{2}{3}$로 나타내는 것을 말한다.
통분	統分	'분수의 분모를 통일(統)시킨다'라는 의미로, 예를 들어서 $\frac{1}{2}$ $+\frac{1}{3}$의 식을 분모인 2와 3의 최소공배수인 6으로 바꿔서 전체 수식을 $\frac{3}{6}+\frac{2}{6}$로 고치는 것을 말한다.

한자 교육
제대로 시키기

한자를 가르치는 것이 좋다고 해서 무조건 시키기보다는 다음의 몇 가지 원칙을 지키면서 한자 교육을 시켜야 긍정적인 효과를 거둘 수 있다.

먼저 아이에게 한자를 왜 배워야 하는지 그 이유를 인식시키는 것이 좋다. 우리말의 대부분이 한자어로 되어 있다고 이야기해준다거나, 교과서를 펼쳐놓고 교과서에 얼마나 많은 한자어가 등장하는지를 설명해주는 것도 좋다. 한자를 알면 우리말의 정확하고 깊은 뜻을 알기 쉽다는 사실을 아이도 알게 되면 한자를 대하는 태도가 긍정적으로 바뀔 수 있다.

초등학생들은 쓰기보다 읽기를 중심으로 한자를 가르치는 것이 좋다. 손으로 쓰면서 공부해야 한자를 외울 수 있다고 생각해서 저학년 때부터 한자 쓰기를 강요하는 경우가 있는데 초등학생들에게는 무리가 따르는 학습 방법이다. 쓰기보다는 그리는 아이들이 대부분이다. 초등학교 때에는 한자는 읽을 줄 아는 것으로 충분하다. 한자 쓰기는 고학년에게도 쉽지 않은 일이다.

한자는 낱자로 배우는 것보다 속담이나 격언 또는 고사성어를 통해 익히는 것이 좋다. 고사성어는 국어 교과서에도 일정 부분 소개되기 때문에 교과 공부와 병행할 수 있어서 좋다. 또한 고사성어나 속담, 격언 등을 많이 알고 있으면 글을 쓸 때에도 설득력 있는 글을 쓰는 데 유리하며 글의 품격을 높일 수 있다. 특히 고사성어는 해당 고사성어에 얽힌 이야기가 있기 때문에 아이들이 매우 흥미롭게 생각한다. 고사성어와 사자성어는 시중에 나와 있는 한자 학습 카드를 이용해서 쉽게 학습할 수 있다.

아이가 한자에 관심과 흥미를 이어간다면 한자능력검정시험에 도

전해보는 것도 권한다. 한국어문회나 한자교육진흥회 등에서 주관하는 한자능력검정시험은 국가공인자격으로 지정되어 운영된다. 그렇다고 해서 자격증을 따야겠다는 욕심으로 한자능력검정시험에 도전하지는 말자. 한자 학습을 통해 아이의 언어능력 향상을 도모하고 학습에 도움을 얻는 것이 목적임을 기억하자.

우리가 할 수 있는 일

'자녀를 위해 할 수 있는 일은 무엇이며, 해야 할 일은 무엇일까?'
부모라면 누구나 끊임없이 자신에게 던지는 질문이다. 이 질문에 잔
잔하지만 큰 울림이 담긴 답변을 제시해주는 시를 소개하고자 한다.

우리가 할 수 있는 일

– 작자 미상

너를 이 세상에 태어나게 한 건 우리지만

너를 대신해 인생을 살아줄 수는 없구나.

너를 교육시켜줄 수는 있지만

배우는 일은 너의 몫이다.

너에게 방향을 제시해줄 수는 있지만

언제나 네 곁에서 이끌어줄 수는 없구나.

너에게 자유롭게 살라고 허락할 수는 있지만

네가 행한 자유에 대한 책임은 너의 것이다.

너에게 옳고 그른 것을 가르칠 수는 있지만

항상 너 대신 결정을 내릴 수는 없구나.

너에게 좋은 옷은 사줄 수는 있지만

내면의 아름다움까지 사줄 수는 없구나.

너에게 충고를 해줄 수는 있지만

충고를 받아들이는 것은 네 몫이다.

너에게 진정한 친구가 되는 법을 가르쳐줄 수는 있지만

네가 누군가에게 진정한 친구가 되도록 할 수는 없구나.

너에게 성에 대하여 가르칠 수는 있지만

순결한 사랑을 지키는 것은 너의 몫이다.

너에게 친절의 미덕을 가르칠 수는 있지만

관대함을 강요할 수는 없구나.

너에게 세상의 험악함과 죄에 대한 경고는 할 수 있지만

도덕적인 인간으로 살아가는 것은 너의 몫이니라.

시의 모든 구절이 절절하지만, 필자는 유독 '너에게 방향을 제시해줄 수는 있지만 / 언제나 네 곁에서 이끌어줄 수는 없구나'라는 문장이 가슴 깊숙이 파고들었다. 이 짧은 문장 안에 부모가 해야 할 일과 할 수 있는 일에 대한 해답이 숨어 있다고 생각한다.

자녀에게 가치와 의미가 있는 삶의 방향을 제시해주는 것은 부모의 몫이다. 하지만 평생을 자녀와 함께 살아갈 수는 없는 노릇이다. 어느 순간에는 꽉 붙잡은 아이의 손을 놓아줘야 할 때가 다가온다. 그 이후의 삶은 전적으로 자녀의 몫이다.

이 책이 아이를 더 나은 방향으로 키우고자 하는 모든 부모들에게 조금이나마 도움이 되기를 바란다. 부모가 아이 인생의 모든 선택을 직접 해줄 수는 없다. 그러나 아이가 어떤 선택을 앞두었을 때 부모가 가르쳐준 삶의 가치와 방향을 떠올리고, 그것의 도움을 받아 더 나은 선택을 할 수는 있다. 좋은 부모란 아이에게 의미 있는 방향을 제시해줄 수 있는 부모이다. 좋은 부모를 둔 아이는 좋은 인생을 살아갈 수 있다. 이 책을 읽는 모든 독자들이 좋은 부모가 되기를 바라면서 펜을 놓는다.

마지막으로 이 책을 집필하는 동안, 이루 말할 수 없는 지혜와 은혜를 베풀어주신 아름다운 하느님께 모든 영광을 돌린다.

참고 문헌

고영성, 『부모 공부』, 스마트북스

김중혁, 『무엇이든 쓰게 된다』, 위즈덤하우스

김지나, 『초등 5학년 공부사춘기』, 북하우스

라파엘 배지아그, 『억만장자 시크릿』, 토네이도

로버트 P. 왁슬러, 『위험한 책읽기』, 문학사상

서천석, 『아이와 함께 자라는 부모』, 창비

세바스티안 라이트너, 『공부의 비결』, 들녘

송재환, 『다시, 초등 고전읽기 혁명』, 글담

송재환, 『초등 1학년 공부, 책읽기가 전부다』, 위즈덤하우스

송재환, 『초등 1학년 준비 혁명』, 예담friend

송재환, 『초등 2학년 평생 공부 습관을 완성하라』, 예담friend

송재환, 『초등 3학년 늘어난 교과 공부, 어휘력으로 잡아라』, 예담friend

송재환, 『초등 공부 불변의 법칙』, 도토리창고

스티븐 코비, 『성공하는 사람들의 7가지 습관』, 김영사

신의진, 『신의진의 초등학생 심리백과』, 갤리온

야마구치 마유, 『7번 읽기 공부법』, 위즈덤하우스

오은영, 『아이의 스트레스』, 웅진리빙하우스

윤태규, 『일기 쓰기 어떻게 시작할까』, 보리

이범용, 『우리 아이 작은 습관』, 스마트북스

이신애, 『잠수네 초등 5, 6학년 공부법』, RHK

이언 레슬리, 『큐리어스』, 을유문화사

인젠리, 『좋은 엄마가 좋은 선생님을 이긴다: 공부 편』, 다산에듀

인젠리, 『좋은 엄마가 좋은 선생님을 이긴다: 인성 편』, 다산에듀

장애영, 『엄마의 기준이 아이의 수준을 만든다』, 두란노

전위성, 『초등 6년이 자녀교육의 전부다』, 오리진하우스

추적, 『명심보감』, 홍익출판사

KI신서 8984

한 권으로 끝내는 초등 공부 대백과

1판 1쇄 인쇄 2020년 2월 21일
1판 2쇄 발행 2023년 12월 8일

지은이 송재환
펴낸이 김영곤
펴낸곳 (주)북이십일 21세기북스

책임편집 최유진 **디자인** 강수진
출판마케팅영업본부 본부장 한충희
출판영업팀 최명열 김다운 김도연
제작팀 이영민 권경민

출판등록 2000년 5월 6일 제406-2003-061호
주소 (10881) 경기도 파주시 회동길 201(문발동)
대표전화 031-955-2100 **팩스** 031-955-2151 **이메일** book21@book21.co.kr

(주)북이십일 경계를 허무는 콘텐츠 리더

21세기북스 채널에서 도서 정보와 다양한 영상자료, 이벤트를 만나세요!

페이스북 facebook.com/jiinpill21 **포스트** post.naver.com/21c_editors
인스타그램 instagram.com/jiinpill21 **홈페이지** www.book21.com
유튜브 www.youtube.com/book21pub

서울대 가지 않아도 들을 수 있는 명강의! 〈서가명강〉
유튜브, 네이버, 팟캐스트에서 '서가명강'을 검색해보세요!

© 송재환, 2020
ISBN 978-89-509-8666-7 13590